庫

生きもののおきて

岩合光昭

筑摩書房

生きもののおきて＊目次

生きもののおきて

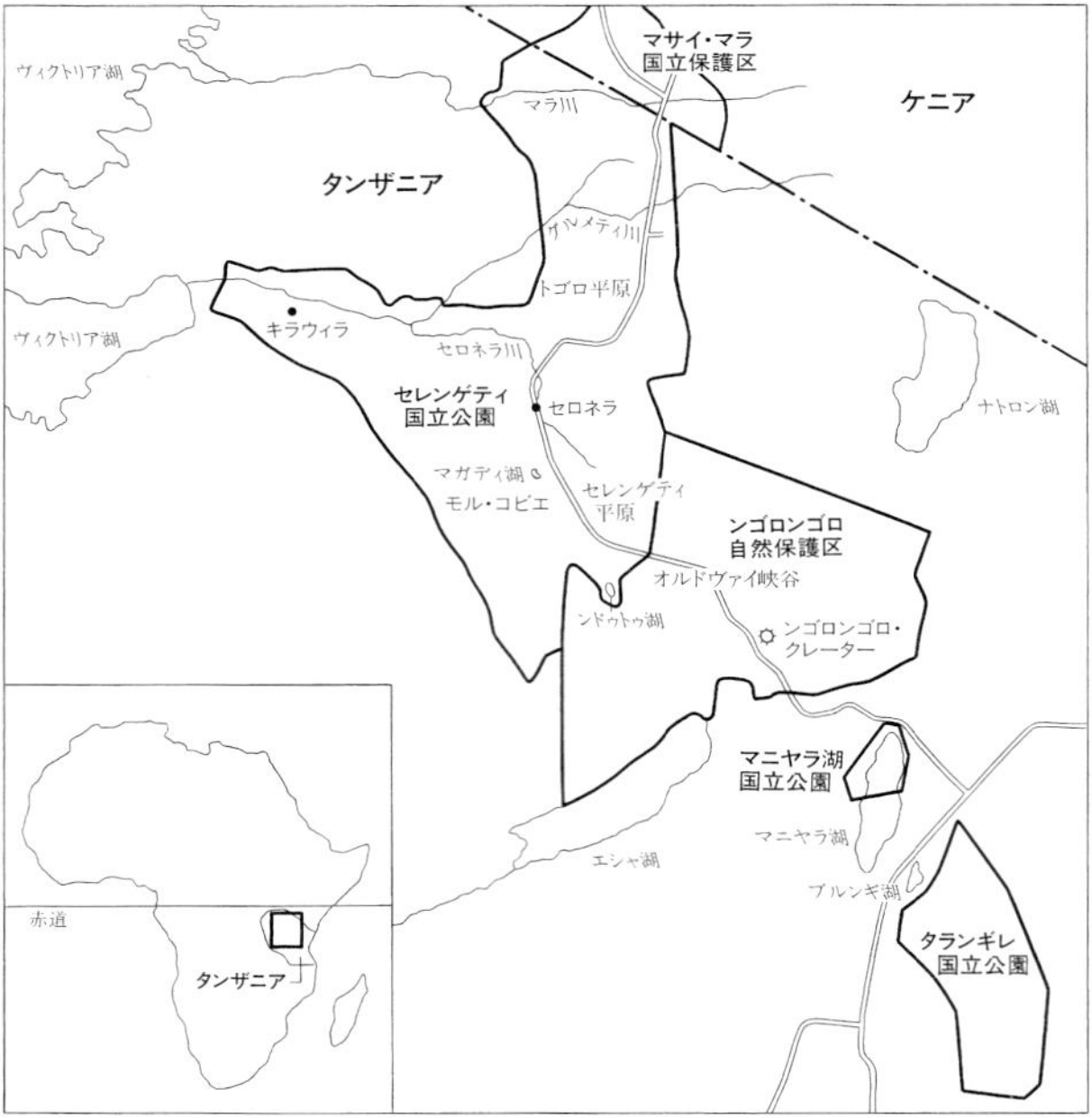

マサイ・マラ
国立保護区
ヴィクトリア湖
マラ川
ケニア
タンザニア
グルメティ川
トゴロ平原
キラウィラ
ヴィクトリア湖
セロネラ川
セレンゲティ
国立公園
セロネラ
ナトロン湖
マガディ湖
モル・コピエ
セレンゲティ
平原
ンゴロンゴロ
自然保護区
オルドヴァイ峡谷
ンドゥトゥ湖
ンゴロンゴロ・
クレーター
マニヤラ湖
国立公園
マニヤラ湖
エシャ湖
ブルンギ湖
タランギレ
国立公園
赤道
タンザニア

はじめに

ぼくが初めて大自然に触れたのは、一九七〇年、二〇歳のときだ。動物写真家である父のアシスタントとして同行したガラパゴス諸島だった。ガラパゴス諸島は、南米エクアドルから約一〇〇〇キロ離れた太平洋上の火山島。一八三五年に、チャールズ・ダーウィンがビーグル号でこの島々を訪れ、観察を行って、後に、歴史的な著書『ビーグル号航海記』や『種の起原』を著したことで知られている。現代に続く「進化論」に大きなヒントを与えた島々だ。

その旅は、ぼくにとって初めての海外旅行でもあった。それまで、国内の自然に触れる機会も結構あったのだが、ガラパゴスで、ぼくの自然に対する思いは変わった。

見渡す限り、人工建造物はどこにもない。ごつごつした岩を這《は》うウミイグアナ、手を伸ばせば届くところで卵を抱えるカツオドリ、貫禄《かんろく》たっぷりのガラパゴスゾウガメ……。初めて見る大自然のパノラマだった。しかも彼らは逃げない。そこにいるのが当たり前、といった風情だ。

地球の長い歴史の中で、ヒトに知られるずっと以前から、彼らはそこでそうして暮らしていた。ガラパゴスは「進化の不思議を秘めたワンダーランド」といわれるが、不思議どころか、進化そのものさえ自然の摂理にかなった当たり前のことに見えた。

その頃からぼくは、写真に興味を持っていたのだが、実は、ファッションやコマーシャルなど一見きらびやかな世界に憧《あこが》れていた。ところが、ガラパゴスで触れた自然は圧倒的なスケールでぼくを打ちのめした。ガラパゴス諸島を立ち去るとき、ぼくは動物写真家になろうと決めた。


アフリカを訪れたのは、その翌年、一九七一年のことだ。まるで海のように広がる広大な草原、その色はかつて見たこともないような異様な茶褐色《ちゃかっしょく》。ゾウやキリンが小さく見える。檻《おり》のないところをライオンが歩き回る。カルチャーショックならぬネイチャーショックだった。それ以来、何度アフリカを訪れただろうか。

アフリカは、地球上でもっとも多くの野生が残る大陸だ。そこには、砂漠から熱帯雨林、高山まで、比類のないダイナミックな自然がある。とりわけ、東部には広大なサバンナが広がり、あふれるばかりの草を食べる草食動物、彼らを「獲物」とするライオンやチータなどの肉食動物、また、ゾウやキリンなどの大型哺乳《ほにゅう》動物が生きている。こうした多様な生きものたちを見続け、撮影していく中で、ぼくは思った。この地球上のあらゆる生命、動物も植物も含めたすべての生命は、人知をはるかに超えたひとつの「やくそく」に従って生きているのではないか……それをぼくは「おきて」と呼んだ。

ぼくたち人間も、もちろん例外ではない。アフリカは、いつもそのことに気づかせてくれる。そして、生きものとしてのエネルギーを与えてくれる。

このすばらしいアフリカの、ほんの一部を紹介しよう。ぼくも「生きもののおきて」とはなんなのか、もう一度考えてみたい。

◆「ライオンの親子がいた」といってシャッターを切るうちは、まだアマチュア。見た目のかわいさと野生動物の魅力は違う。

サバンナの風

アフリカ・サバンナのイメージとは、一般的にどんなものなのだろうか。

眼路《めじ》の限りに広がる平原。彼方にアンブレラアカシアの樹が夕陽を浴びて葉を繁らせ、キリンの親子がシルエットになって浮《う》かび上がる。シマウマやトムソンガゼル、ヌーなどの草食動物たちが草を食《は》み、ブッシュに潜んだライオンが彼らをねらってハンティング（狩り）に明け暮れる。写真やテレビで見るサバンナは、ドラマティックだ。生命のドラマがあふれている。それはサバンナの表情の一つだ。もちろん間違いではない。

でも、普段のサバンナは、それほどドラマティックではない。牙《きば》をむき出しにして狩りをするすさまじいシーンが、いたるところで繰り広げられているわけではない。野生動物は実に正直で、その営みはむしろ淡々としたものだ。その環境の中で自然にしたがって生き、交尾し、子どもを産み育てる。腹がへれば、食べる。やがて、死ぬ。それだけだ。生きているということは、実は単純なことなのだ。

また、テレビや写真では、どうしても伝わらないことがある。それは、空間の広がり。空気のにおい。そう、サバンナは、広い。気が遠くなるほど、広い。そして、さまざまなにおいに満ちている。

ぼくは一九八二年八月から一九八四年三月までの一年半、家族（妻と、当時四歳の娘）とともに、タンザニアのセレンゲティ国立公園に滞在した。そこは、日本人が抱くサバンナのイメージの、原風景のようなところだろうか。「セレンゲティ」とはマサイ族の言葉で「果てしなく続く平原」。

平原の真ん中に立つと、三六〇度、ただただ地平線がのび、空が広がっている。この平原の気が遠くなるような雄大さを、いったいどう表現したらいいのだろう……。

セレンゲティでは、雨は降らない。雨は「降る」のではなくて「来る」。地平線の向こうから、湿った風とともに雨はやってくる。はじめはそれが不思議だったけれど、何のことはない、広いからなのだ。おそらく他の土地でも、たとえ東京でも、空気の汚れや遮蔽物《しゃへいぶつ》がなければ、そういう状態が起こりうるだろう。ただ、「遮蔽物がない」状態など、東京にいては想像すらできないけれど。

もうひとつ、特徴的なのが、雲の流れが局所的だということだ。「あ、あそこだけ雨が降ってる！」なんていうことは、めずらしくない。車の右側は晴れているのに左側は雨、ということだってある。

サバンナでは、
あなたの視力が試される。

そして、雲が速い。特に天気が急変するとき、悪い風は西から来る。単純と言えば単純、一日のうちでも、風が局所的に大きく動くときは天気が急変する。風の動きを見ていれば、天気がわかるのだ。逆に雲の動きが安定している時を、サバンナでは「天気がいい」という。

雲が来るときは、風が廻《まわ》りながらやって来たり、二方向から同時に風が来たりする。そういうときは嵐になる。サバンナに暮らしてそういうことがだんだんわかってくると、風が気になってくるのだ。

アフリカだけではない。オーストラリアの先住民・アボリジニたちは、内陸にあって南西の風が吹くと「砂嵐が来る」という。そして南部の島にあれば、南の風は南極からダイレクトに吹いてくるから、とても冷たい。夏になり北の内陸側からオフショアーの風が吹くと、波がめくれる。そのめくれた波のエメラルドグリーンのところを、アシカがひゅーっとすり抜けてサーフィンする、そんな瞬間に出会ったこともある。

セレンゲティの自然は繊細

セレンゲティに暮らすまで、ぼくは地球の北から南まで、あちこちの野生動物を撮影するために取材旅行を重ねていた。でも、そういう方法にそろそろ限界を感じていた。その土地の自然や動物を、行きずりの旅行者にすぎない視点から、果たしてどれほど確かに把握できるのか、疑問を感じ始めていたのだ。

自然にはシーズンがある。そのサイクルをひとめぐりしないかぎり、「見た」とは言えないのではないか。一箇所で定点観測をしようと決意し、ぼくはセレンゲティを選んだ。それまでにも何度かこのサバンナを訪れ、その大自然のすばらしさに魅せられていたからだ。

セレンゲティにも季節がある。一年に二度訪れる雨季。三月から五月までの大雨季と、一一月と一二月にかかる小雨季である。といってもこの雨期は、毎年正確にやってくるとは限らない。ほとんど大雨季がない年もある。そして、雨季以外の季節が乾季ということになる。たったこれだけの季節は、昔から四季のうつろいを楽しみ、そこからさまざまな文化を生みだしてきた日本人にとって、あまりにシンプルに思えるかもしれない。でも、このたった二つの季節が、野生動物たちの実に多様な生態を演出する。自然は、人間が考えるよりはるかに敏感で繊細だ。

雨季といっても、日本の梅雨《つゆ》のように四六時中雨が降っているということはない。もっとあっさりしていて、もっと豪快だ。

彼方に雨雲が広がっている。次第にその雲がこちらに近づいてくると、風が冷たくなる。風は土のにおいも一緒に運んでくる。ポツポツ降り始めたと思うまもなく、雨はザーッと落ちてくる。それはたちまちゴーッという音に変わり、道はまるで川のようになって濁流と化す。しかしそれもわずか数十分、せいぜい一時間ほどのことで、嘘のようにカラリとあがってしまう。実に爽快。そして、荒ぶる驟雨《しゅうう》は大地に恵みをもたらすのだ。

雨がくると、植物たちは、実際に雨が降り出すよりも先に、いち早く緑の芽をつける。おそらく、空気が湿り気を帯びてくると、ぼくたちは気づかなくても、そのセンサーが雨を感知するからなのだろう。地面はカラカラ、地上では埃《ほこり》がもうもうとたっているのに、樹幹は緑になっている。

「わー、植物って大したモンだなあ」

ぼくはもう、ただ感心するしかない。動くことができず、その環境のなかで生きていかなければならない植物は、生きものの中でもとりわけ敏感な能力を授かっているのだろうか。

乾期がやってくるときも容赦《ようしゃ》ない。乾き始めたな、と思うと、もういっせいに乾いてしまう。あっという間に草は風にちぎれて根もとから飛んでいく。そして、野生動物たちは水を求めて移動するのだ。やがて乾季が過ぎ去り、セレンゲティに雨がくる頃、再びここに戻ってくる。乾いているか雨が降っているか、どちらかしかないセレンゲティのシーズン。それが野生動物たちの生を支配しているのだ。

雨季、草食動物たちが帰ってくる

一一月、セレンゲティに雨季がやってくる。最初の雨が降ると、平原に緑の芽が吹き出す。見渡す限り茶褐色だった大地は、たちまち緑の草原に早変わり。みずみずしい新芽でむせ返るようだ。

その緑を求めて、ヌーやシマウマ、レイヨウ類などの草食動物たちが、どこからともなくやってくる。草食動物たちは、乾季の間、比較的緑に恵まれた北部で過ごす。セレンゲティに雨がやってくると、再び群れをなしてこの平原へ戻ってくるのだ。ここには、約三〇種の草食動物が生息しているといわれる。

移動する大型草食動物の代表格はヌーだ。ヌーは、トムソンガゼルやインパラなどと同じレイヨウ類。成獣《せいじゅう》は体長二メートルくらいになる。アフリカの民話で「神様は、いろいろな動物を作り出したためアイディアが尽きて、あまりものでヌーをお作りになった。ウシの角・ヤギのひげ・ウマの尾とたてがみ……」といわれるように、ウシともヤギともつかない不思議な容姿をしている。英名は wildebeest（オランダ語読みでウィルデビースト）。まさに大草原そのもののような動物だ。「ヌーはヌーって鳴くからヌーだ」という説があるが、本当に「GNU～ GNU～」としか言いようのない声で鳴く。

彼らは小雨季の始まる一一月頃、数百頭単位、ときに千頭を超える群れを成し、平原を目指してやってくる。その数は一六〇万頭。四〇キロにも連なるこのヌーの大移動は、セレンゲティの大イベントだ。実は、このヌーの大移動を撮影することが、滞在の目的の一つでもあった。大移動は一年に二度、しかもいつ始まるのか予測がつかない。カレンダーや手帳に記された約束のようなわけにはいかない。極めて雨が少ない年であれば、セレンゲティ平原にまでは移って来ない場合もある。大移動は短期間に行われるので、撮影に失敗すれば次のチャンスは半年後。そんなわけもあって、一年半という長期滞在となったのだ。

ヌーの大群は壮観だ。大群……どのくらいの数をそう呼ぶのだろうか？

まだアフリカ初心者だった頃、ぼくは数十頭のヌーを見つけて興奮した。「わっ、ヌーの大群だ！」。

とにかく大型哺乳動物を見慣れてないから、たとえ五〇頭くらいでも、ものすごくたくさんに見える。数えてみると百頭もいない。もちろん今では数千頭が目の前に現れても、もう取り乱したりしない。

◆ヌーにはオスの群れとメスの群れがある。この群れはどっちだろう。

一説によると、ヌーは五〇キロから六〇キロ先の雨のにおいを嗅《か》ぎ取ることが出来るという。誰が五〇キロと測ったのかはわからないけれど。雨が降った後に芽生えるセレンゲティの緑が、ヌーにとってはとりわけご馳走《ちそう》らしい。植物学者によれば、この緑は北部の背丈が高い緑と比べるとはるかに栄養価が高い。新芽だからということもあるだろうが、この平原の土地がミネラル分に富んでいるからだという。いったいどうして草食動物が、この緑はミネラル分が多いとかカルシウム分が含まれているとか、そんなことがわかるのだろうか。味がいいからだろうか？　そもそも野生動物に味覚があるのだろうか？

ぼくは、それは疑わしいと思う。もし味覚があったら、まずいものは食べなくなってしまう。でも、彼らはそれが食べられるものであれば、なんだって食べる。そこが家畜やペットと大きく違うところだろう。野生動物はそんな贅沢《ぜいたく》を言ってはいられない。とにかく「食べる」ことが大前提で、好き嫌いをいっていたら餓死してしまうのだ。

ヌーはいっせいに子どもを産む

なぜ、そのミネラル分が多く含まれている緑を食べに来るのか。それはとても不思議なのだが、実際、セレンゲティの草を食べるとヌーたちは見る見るきれいになって肥えてくるのだ。一一月の初めくらい、平原に到達したときのヌーたちは、明らかに毛ヅヤが落ちている。移動の途中、いろいろな目に遭《あ》っているのだろう。食べ物がなかったり、捕食者に追われたり、相当なストレスがあるに違いない。あばらが見えるほどやせ細ってもいる。

それが、セレンゲティの緑を食べるとツヤが戻り、そして二、三カ月して一月の終わりから二月くらいになると、いっせいに子どもを産む。出産と子育ては、彼らがこの平原に戻ってくる大切な目的のひとつなのだろう。

ヌーは体色が黒いので、群れ自体が黒くみえるのだが、ある日突然、その景観が一変する。地平線に何万頭といるヌーの群れの中に、ミルクコーヒー色した子どもたちが、どこから湧《わ》いたのかと思うほどバーッと混じっていて、これには本当に驚かされる。

約二週間にわたって、ほとんどのメスが同時に子どもを産む。一日に何万頭というメスがいっせいに産むことさえある。ヌーは一度に一子しか出産しないが、それを同時に行うことで、捕食者の攻撃を分散させ、個体群を維持する効果があるという。出産の時期、あたりにはライオンやハイエナが徘徊《はいかい》し、生まれたばかりの幼獣《ようじゅう》をねらう。犠牲《ぎせい》になる子どもも多くあるが、見たところ、それほど数が減っているようには思えない。あまりにもたくさん生まれるので、肉食獣たちにも食べきれないようだ。腹のふくれたハイエナが、彼らをよけて通ることすらある。

平原に帰ってきてから出産するのは、ひとつにはその方が安全だということがあるだろう。平原は周囲を見渡すことができる。北部では草の背丈が高いので、見通しがきかない。彼らは、常に捕食者の動きをとらえていたい、と思うのだろうか。確かに、敵は見えていた方がいい。

とはいえ、出産の瞬間は無防備だから、さすがにライオンやハイエナがすぐには気づかない時間、場所を選んでいるようだ。出産は、夜明けに、ゆるやかな起伏《きふく》に隠れるようにして行うことが多い。ライオンやハイエナが見てもわからないように産むのが彼らの知恵だから、当然人間が見てもなかなかそれとは気づかない。生まれたての幼獣を母親がなめてやっている場面には出会えても、ただ何気なく見ていたのでは、

◆出産は早朝が多い。

わずかな一瞬を逃してしまう。

それを見つけるのには、コツがあるのだ。群れのかたまりの中で出産を控《ひか》えたメスが、ほかのメスたちと違った動きをすることがある。からだの向きを変えたり、群れの中で一頭だけ別の方向を向いて座っていたり、からだが上下に動いていきんでいたり。それで、結局わかってしまうのだ。ぼくは、「おい、あのメス、そろそろだぞ」と、まるで産婦人科の医者にでもなったようだ。でも実は「なんでわかるか」というのは、正確には説明できない。ぼくの場合、時間があるからといって他のことをしていると見えないし、逆に集中しすぎても視野が狭くなって見つけられない。双眼鏡でメスのお尻ばっかり見ていると、目がくらくらし

てきて、空気が薄くなってくるような感覚に陥《おちい》ってしまう。口をぱくぱくするような。意識を集中しすぎると、高山病のように空気が薄くなってしまうのだろうか。もうそうなると、絶対に見つけられない。逆に、たとえば、ふっと下を見て「あっ、フンコロガシがフン転がしてる！」なんて、一瞬目を離してぱっと顔を上げると「あ、あそこにいた」と見つけることができる。

グループの中の一頭が産み始めると、一頭、また一頭と、連鎖反応のように次々に出産が始まることもある。ぼくは同じグループの中で三頭たて続け、というのを見たことがある。

◆ハイエナが食べても食べても食べつくせないほど産む。子は半年経つと親と同じ毛色になる。

この季節は、ほかの草食動物たちも出産の時期を迎え、セレンゲティ平原には、さまざまな幼獣たちがあふれかえる。

そのさまは、まさに「命の豊穣《ほうじょう》」といった趣《おもむき》だ。

ヌーが大移動をする

雨季の間でも、ヌーたちは平原の中で小さな移動を絶えず繰り返す。雨のにおいをかぎ分け、その方向に移動したりする。草と水がある限り、あっちへ行ったりそっちへ行ったり。遠くから見ると、ヌーの動きは割とゆっくりしているように見えるので、ぼくは一度車を降りて一緒に歩いてみたことがある。これが三〇分とついていけなかった。のんびりしているように見えて、さすがに野生動物だ。

生まれて四カ月を過ぎると、ヌーの子どもたちは、母親のお乳だけの食事から、徐々に草を食べるようになってくる。ずいぶんと成長し、そろそろ角が生えかかっているのがわかる。ミルクコーヒー色の体毛も灰褐色がかって、顔のあたりは黒に近い。そろそろあごひげも伸びかかってくるころだ。

五月。平原の色が変わってくる。植物は枯れ始め、たちどころに黄色が緑色に勝ってくる。まだ完全に雨季が明けたわけではないが、草や水が不足しだすと、ヌーは移動を開始する。やがて群れが集まり大群となって、セレンゲティを去って行く。最初の群れが移動を開始してからすべてのヌーがこの地を去るまで、約一カ月の幅がある。前の日に二〇〇頭ほどの群れを撮影した場所にその翌日行ってみると、群れごとすっかり姿を消していたことがあった。しばらく一帯を車で探してみたが、一頭のヌーも見当たらなかった。誰が(どの個体が)どのタイミングで移動を開始するのか、さまざまな説があるようだが、本当のところは誰にもわからない。

この大移動は、国境を隔てたマサイ・マラ国立保護区(ケニア)まで続く。その距離は直線で三〇〇キロほどだが、ヌーたちの歩く距離は、二〇〇〇キロにも及ぶ。黙々と、前を行く仲間の尻だけを見て、彼らは歩き続ける。

旅の終わり近くにはマラ川がある。川岸に達したヌーたちは、しばらくそこで躊《ちゅう》躇《ちょ》していたが、ある個体が先頭を切って川を渡り出した。すると後は堰《せき》を切ったように水に飛び込み、目玉が三倍くらいに見開かれて、ただひたむきに、前に向かって進むばかりだ。

中には溺死したり、やっとの思いで対岸にたどり着いても、丘へ登り切れないものもいる。最初のヌーが高い岸のところを渡ると、後続のヌーたちは皆当然のように同じ場所を渡る。多くのヌーたちが通過した後の岸は泥沼状になっている。いったんそこにはまってしまえば、まるで底無し沼のように、もがけばもがくほど抜けられなくなってしまうのだ。脚《あし》が沈んで背中だけが泥から出ていると、次々と後からわたってくる仲間の踏み台になって、ますます抜けられない。そうやって、何頭ものヌーが命を落とす。死体が累々《るいるい》としたところを、ハゲワシが飛び歩く。ワニが川底に引きずり込む。大きな魚がつつく。命を落としてしまったものが別の命をつないでいく。

一度だけ、そうやって泥にはまっている若いヌーを助けたことがある。泥に埋まり、首だけを動かしていた。もうまわりに仲間はいない。ぼくは、車に積んであったポリタンクの水をヌーにかけ、固まった泥を流し、自分も泥に足を踏み入れて、杭《くい》を抜くようにその前肢《まえあし》を引き抜いた。なんとかからだを抱えて岸に引きずりあげると、ヌー

◆午前八時を過ぎると風が吹く。風がにおいを運んでくる。「死」は、視覚よりも嗅覚をより強く刺激する。

は不意に走り出した。泥をいっぱい飛ばして。助けたぼくの顔に泥を塗って……。

あのヌーがその後どんな運命をたどったのかわからない。ぼくのしたことは、あきらかに自然に対するルール違反だろう。しかしあの時のぼくは、そうせずにはいられなかった。そのヌーの瞳《ひとみ》に、まだ生命のエネルギーが感じられたからだ。あの時むらむらと湧き起こった「引き抜きたい」という気持ちは、止めることができなかった。

ヌーのハーレム、そして交尾の季節

移動するヌーの群れは、よく見ると、オスと、メスと子どもたちとの群れに分かれていることがわかる。

ときおり、オスが林の中を非常な勢いで走っていって、別のオスとガツンと角をつき合わせている。ハーレム作りの闘いだ。ヌーのハーレムは、オス一頭に四頭から一五頭のメスと子どもたちからできている。強いオスほど、多くのメスを自分のハーレムに抱えられる。だから、この時期のオスは輝いている。ツヤがいいし大きく見える。「立派ですねぇ」と声をかけたくなるくらいだ。

ハーレムを作っても、オスはちっとも気が抜けない。地面を引っかいたり、分泌腺《ぶんぴつせん》のある頭を木になすりつけたりして、縄張りを主張する。他のオスが近づいてこようものなら、角を突き出して、それはもう、しつこく追い払う。メスはオスが恐いから、強く大きいオスには逆らえないように見える。それでも中には、数百メートル離れたハーレムにいる「向こうのオスの方がいいな」という気を起こして、子どもを従えて

◆オスの力は繁殖期に試される。このとき、オスは別のオスのことしか見ていない。

ちょこちょこっと「足抜け」をしようとしたりする。すると、オスが「待った待った！」と回り込んでそれを止めに入る。「まだおまえ充分稼《かせ》いでないじゃないか」（？）と。飛び跳ねたり駆け回ったり、この時期のオスは、なんとも忙しい。それが、見ているぼくたちにはたいそうおもしろく映る。

　ハーレムを作れなかったオスは、やもめグループを作っている。オスとメスの比率は基本的に一対一のはずだが、ハーレム社会では、どうしてもあぶれものが出てしまうのだ。出産のとき、なんであそこの群れだけ子どもがいないんだろうと、一瞬不思議に思って見ていたら、オスの群れだったことがあった。初心者には、なかなかオス

・メスの区別はわからない。

やもめグループの中では、オス同士でマウンティングしていることがある。オス同士のマウンティングは、ゴリラやボノボなどの類人猿では知られているが、草食動物にもあるのだ。余談だが、交尾できなかったあぶれオスには夢精のような状態もある。

ヌーの移動には、この繁殖《はんしょく》も深く関わっているのではないか。おいしいものを食べるために北から南へ移動する。それも理由の一つだろうが、なんとなくパンチがない。なぜ移動するのか。そこでオスとメスの出会いがある。そう考える方が自然ではないか。生活圏を分けてしまうと、限られた個体同士の交配になり、血の混ざりようがな

◆オスの群れとメスの群れが出会うのが大移動のときだ。

くなってしまう。つまり、インブリーディング、近親交配になる。それを、ある長い距離を移動することによって、いくつかの群れがその移動の中で出会う。そう考えることもできるだろう。

ヒトが考えると、どうしても一対一の因果関係で考えたくなるが、それではつまらない。極端な話、因果関係などなくてもいいのではないか。

ライオンはコワイ？

野生動物を見ていると、本当にわからないことがたくさんある。見れば見るほど、わからないことが増えてくる。本で読んで、「わかった」と思っていたことも、たった一度、その常識を覆すようなシーンに出くわせば、意味を失う。逆に「こんなこと本に書いてないよ」ということもある。

人間が、いかに間違った「常識」にとらわれているか、ひとつ例をあげよう。「ライオンは人を見ると襲う」。多くの人がそれを信じているのではないか。ぼくが最も多く受ける質問の一つは、「ライオンにあんなに近づいていてこわくはないんですか」というものだ。それは、一般的にライオンが人に危害を加えると信じられている証拠だろう。でも、ぼくは一度だってライオンに襲われたことも、「襲われる」という危険を感じたこともない。

まれに「ライオンに襲われる！」というニュースを見ることがある。これはよく聞いてみると野生のライオンではなく、人に飼われていたり、あるいは、なんらかのか

たちで人と関わりのあるライオンである場合がほとんどだ。

野生のライオンと飼われているライオンとの違いは、食べ物を自力で得るか、餌《えさ》をもらっているかということだろう。野生のライオンは狩りをしなければならない。餌はライオンの本質的なあり方そのものを変えてしまう。

ぼくは、襲われたことはないが、一度若いオスがからかいにきたことがあった。獲物を狙うときのように、ぼくに向かって、姿勢を低く構え、ストーキング（忍び寄り）して。それは、敵意を持っているわけではなくて、ちょっとじゃれて遊びたかっただけだと思う。よくネコがやるしぐさと

◆上:ライオンは本当に大きなネコだ。
左:バキッ。グシャッ。骨を噛み砕く音が耳に残る。

同じ（ライオンは大きなネコだ）。でも人間の頭くらいもある前肢でじゃれつかれたら、ひとたまりもない。もし二五〇キロくらいの全体重をかけて乗りかかられでもしたら潰れてしまう。ライオンのお誘いは遠慮して、お引き取り願うことにした。それで、ライオンの威嚇《いかく》を真似《まね》て、口を「いーっ」と開けて脅かしたら、それだけで後ろ跳びに跳んで後じさった。

ライオンだって人間が恐い。いきなり車からポンと飛び降りたりすると、びくっとしたり。銃なんて必要ないのだ。もしライオンに噛《か》みつかれたら、噛みつき返してやろうと思っているが、残念ながら（?）、そんな経験はまだない。

人間の知識や考え方には、どうしても限界があるように思う。誰かがどこかで出会った現実が、普遍的なことのように誤解され、「世界の常識」になってしまう。「ライオンとは……である」と定義されても、セレンゲティのライオンと、ボツワナや他の地域のライオンとでは生態が異なる。もちろん顔つきだって違う。

多くの場合、野生動物を見るときに、最初に結論を出してしまっているような気がしてならない。その結論に導くには、目の前で起きていることをどういうふうに解釈したらいいか。頭の中でそれを確認している。現実が後からついてくる。

それでは、野生動物は見えてこない、とぼくは思う。考えるよりも、まず見る。「ヒトが見る目」をはずし、まったく別個の生きものとして、虚心坦懐《きょしんたんかい》に見る。そうしなければ、いつまでたっても野生動物とヒトとの関係は変わらないのではないか。

平和な草食動物

小高い丘の上から平原を見下ろす。地平線の向こうまで、何種類かの草食動物たちが入り交じって草を食んでいる。どこかそのへんに、ライオンやハイエナが潜んでいるかもしれない。でも、こうしてみる限り、平原は「平和そのもの」というような風景だ。

草食動物たちには異種間での争いというものがない。ときどきシマウマが仲間同士、狭いところで鼻を突きあわせ小競《こぜ》り合いをしている程度だ。あれはどういうのだろう。平原はとてつもなく広く、緑もあちこちにあふれているというのに、一箇所の狭い場所に何頭もが顔を寄せ合っている。草を食べる音に刺激されるのだろうか。不意に一頭のところにワーッと集まったりする。ヌーの子どもが迷子になってシマウマの群れに紛れ込んでしまったときも、「おまえ、違うじゃないか」という感じで追い出されただけだ。草食動物たちは全体的に平和なのだ。

その平和な光景に小さな緊張が走る。突然、草食動物たちの顔がいっせいに同じ方向を向いている。何かいるのだ。ライオンだ。ライオンはセメダの蔭からうかがっている。セメダはライオングラスとも呼ばれる背丈の高い草で、その名の通り、ライオンの姿を上手に隠す。

しかし、はるか離れたところにいるヌーの群れは、どうしてここにライオンがいることがわかるのだろう。どうも、ライオンそのものを見ているというよりも仲間の動きを見ているようだ。彼らは草を食《は》みながらも時々ぱっと顔を上げる。その時周囲をうかがっているのだ。地平線の近くにいるトムソンガゼルがさっきから動かない。す

◆シマの数と太さは、シマウマによってそれぞれ違う。ちょうど指紋のように。

ると彼らは、「どうしたんだ、どうしたんだ」と連鎖反応のようにその方向を向く。案外単純。「なぜ、ライオンがいたことがわかるのか」と不思議に思い、考えていたぼくは、すっかり肩すかしを食ってしまう。

草食動物たちの草の食べ方は皆一緒に見えるが、実は食べ分け、というか棲《す》み分けができている。

雨が降って短い草が芽生えると真っ先にやってくる草食動物は、トムソンガゼルだ。トムソンガゼルやグラントガゼルは口先が尖っている。短い草の方が食べやすい。次に来るのが、ヌー。ヌーは口が平らだから尖った草は食べにくい。最後がシマウマ。シマウマは歯が発達していて、相当堅い草も引きちぎるようにして食べることができる。

顔の形の違いは、食べる物にも影響を及ぼす。でも動物の顔の形は「進化」によって変わった、といわれると、少し抵抗がある。「進化」といえばもっともらしいが、どんな言葉を与えようと、どんな考え方を当てはめようと、そこで起こっていることは現実で、とても「当たり前」のことのように思える。

そして、この種はこうだ、というように一緒くたにすることに、どうしても抵抗を覚える。特に肉食動物などは、一頭一頭顔が違う。個体差を考えると、人間の理屈がどこまで通用するのか、疑問を感じずにいられない。

ライオン家族

午後も遅くに、傾いた太陽の光線が平原を黄金色に染める。草むらの中には、さっきからメスライオンがじっとうずくまっているはずだ。トムソンガゼルの一群が、静かにその草むらに近づいていく。一〇〇メートル、五〇メートル……と、距離が縮まっていく。草丈は高く、トムソンガゼルの角だけが、見え隠れしている。

それを見つめるぼくの緊張はもはや限界に達し、注視力が落ちていくその一瞬、トムソンガゼルの群れが四方に散った。

草むらで何が起こったのか、しばらくは見えなかった。メスライオンがトムソンガゼルの子の首筋をしっかりくわえ、左右にゆすってバランスを取りながら草むらを歩いている。

メスライオンは川筋に向かっていく。全身には喜びがあふれている。川筋のイエローフィーバーツリーの倒木の蔭には、子どもたちが待っていた。獲物をどさりと子どもたちの前に落とす。三頭の子どもたちは、口を血で赤くして、獲物をむさぼり食べ

◆上：トムソンガゼルの子をライオンの子に運ぶ。
右：生後約一ヶ月の子ども。この頃がハイエナやヒョウにねらわれやすい。
左：からだの一部が触れ合っている。血のつながり。

る。メスは傍《かたわ》らの倒木に頭を乗せ、「ウーッ、ウーッ」とやさしく唸《うな》りながら、そんな子どもたちを見ている。自分では食べない。それでもしばらくして、二歩、三歩と獲物のところに忍び寄る。トムソンガゼルは、すでにひづめを残すだけだった。

ネコ科の動物は世界に三五種。ライオンは、単独で生活する他のネコ科の動物と比べ、ユニークな特徴がある。プライドと呼ばれる群れを形成し、テリトリーという行動領域で、社会的に交わりながら暮らしているということだ。プライドはおよそ五頭から十数頭のメスと子どもたちで構成されている。ライオンの年齢の見分け方をご存知だろうか？　生後二、三年くらいまでの若い個体は、鼻がピンク色をしているが、歳を重ねるにつれて、鼻はまだらになり、さらに黒っぽくなる。生後四年くらいになると、人間でいう「成人」……二十歳くらいだが、それでもまだ鼻はまだらで、完全に黒くなるのは八歳くらいといったところか。

オスは、生後二年くらい経つと生まれたプライドを離れ、不定期に他のプライドに出入りする。そのまま放浪するオスもいる。

乾季、獲物は極端に少なく、ライオンにすら狩りは厳しい。多くの肉食獣たちは、長い飢餓状態に耐えている。イエローフィーバーツリーの倒木にいたような定住性のライオンは、乾季には子育てをしながら、わずかに川筋に残っている動物を食べる。しかし、獲物が得られなければ、メスライオンは狩りのために遠出をすることもある。

子どもたちを食べさせなければならないからだ。

母親が狩りに出かける。なかなか獲物が捕まらず、一週間くらい留守にしている間に、子どもたちが飢死してしまうこともある。成獣は結構飢餓に耐えられるが、やはり子どもは弱い。「百獣の王」と言われるライオンだって、食べることに必死なのだ。

プライドのメスたちは仲がいい。たとえ昼寝をしているときでも、体の一部――たとえ尻尾の先だけでも――触れ合っていることがある。子を産み、ときには協力して子育てをする。獲物があれば、分け合ってともに食べる。他のプライドのメスが近づくと、厳しく接触を避けようとする。オスはメスたちとともにプライドに複数いることもあった。そこでのオスの役割は、子との血のつながり以外、正確には明らかになっていない。

出産を迎えたメスライオンはプライドから離れ、安全な場所で子どもを産む。生まれて一カ月から一カ月半、母乳だけの期間は、プライドから離れて暮らしている。仲間と一緒にいると、じゃれている間に、殺すつもりがなくても殺してしまうような事故があるからだろうか。また、プライドの外から来るオスに殺されてしまうこともある。その危険を避けて、子どもが肉を食べられるようになるまでは、母親は谷や岩場などで、ひっそりと子育てをする。でもライオンは生後一年くらい経ってかなり大きくなっても、まだ母親の乳をねだったりしている。

野生動物の最後の楽園、ンゴロンゴロ・クレーター

ぼくが一番長くライオンを観察したのは、セレンゲティの南東、ンゴロンゴロ・クレーターと呼ばれる巨大な火口原。このクレーターは約二〇〇万年前の噴火によってできたものだ。クレーターといっても東西に一九キロ、南北に一六キロ、面積二六四平方キロの、世界第二の大噴火口だ。クレーター内にはムンゲ川が流れ、ゴイトキトクの泉という水場もあって、乾季でも水が涸《か》れることはない。八二種、約二五〇〇〇頭の哺乳動物が暮らす、「最後の楽園」だ。また、クレーターでは、そこがコンサベーションエリア（自然保護区）になる以前から暮らしていたマサイの人々に、週に二回だけ、家畜の放牧が認められている。野生動物と家畜（そして人）が共存する、世界でも非常にめずらしいエリアになっている。一九七九年には世界遺産に指定された。

不思議なことに、ンゴロンゴロでは野生動物との距離感が縮まる。もちろん、距離感は動物によって違うし個体によっても違うのだが、セレンゲティと比較すると、ぐっと近くに寄れるのだ。ンゴロンゴロでは周囲に壁があるから距離を測れるというこ

となのだろうか。セレンゲティのように地平線まですとんと抜けてしまうと、距離がはかりづらいのかもしれない。あるいは、単純に観光客の密度とか……いずれにしても、理由はひとつだけではないのだろうけれど。

話をライオン・ファミリーに戻そう。ンゴロンゴロ・クレーターの中には、ライオンの七つのプライドがある。プライドが持つテリトリー（なわばり）が、厳密に七つの区に分かれているのかというとそうではない。テリトリーが二つのプライドで重なっているところもあって、そういうところではいざこざが起こる。ライオンのプライドは自分たちのテリトリーには執拗《しつよう》なこだ

◆一日で七二回の交尾を見たことがある。交尾のあと、メスの背中が汗で光っていた。

わりを見せるのだ。ある時、ぼくがいつも見ているメスが、完璧《かんぺき》に境界を越えて隣のテリトリーに入ってしまった。すると、そのメスがいるプライドを抱えているオスは、あわててそのメスを連れ戻しに来た。そんなに広いところで、見えないようでいても、彼らは自分のテリトリーによそ者が入ってきたことがわかるらしい。においでわかるのだろうか。よそ者のオスがテリトリーに入ると大変だ。そのプライドのオスは、徹底的に追い出しにかかる。オス同士は激しく闘い、時には相手を殺すことすらある。オスは普通ひとつのプライドに属しているが、中には二つのプライドを掛け持ちしていることもある。

草食動物は、緑のあるところへ、朝昼晩と移動をする。ライオンもそれに準じて移動していく。その移動が、たまたまプライド間で重なってしまうことがあるのだ。草食動物がたくさんいたテリトリーのプライドでは、翌年一気に家族が増える。食べ物が満たされれば、即繁殖。当たり前のことだ。当たり前のことだが、それを目の当《ま》たりにすると、なんだか嬉《うれ》しい。

ライオンのメスは筋肉美

コピエといわれる岩場で昼寝をしているライオンの顔に、びっしりハエがたかっている。近くに草食動物たちが集まってきたのだ。ハエは草食動物たちの糞《ふん》に寄生し、彼らの移動とともに平原にやってくる。乾季には地平線の彼方までまったく草食動物はいないから、ハエもいない。

それにしてもすごい数だ。食事（人間の）の皿は、たちまち真っ黒になる。ライオンだけではない。ヒトの顔にもハエはたかる。低くうなるような羽音をたてて、ぼくの顔にもたかる。特に目の粘膜とか湿ったところを好んで、ぺたぺた這い回る。払っても払ってもたかるので、「ハエ払ってたら腱鞘炎《けんしょうえん》になっちゃう」と放っておくことにした。なにしろ、草食動物たちが戻ってきたのだ。平原は活気を取り戻す。飢えていたライオンたちも、本格的に狩りを始めるだろう。

プライドで狩りをするのは、おもにメスだ。ライオンはからだが大きいので、ヌーやシマウマを襲うことが多い。ときには小山のようなバッファローを倒すこともある。

◆見ることが狩りのはじまり。見るだけで終わる狩りもある。狩りの成否は、獲物との距離で決まる。獲物が振り返るとフリーズする。

◆群れから離れたヌーの幼獣を襲う。

狩りの名手といわれるチータにはヌーやシマウマは大きすぎるようで、セレンゲティではトムソンガゼルが圧倒的に多いようだ。

一頭の獲物にねらいを定めたメスライオンは、相手に気取られないように、至近距離までストーキングして近づく。頭を低く下げて、地面を這うように。最後はダッシュ。

走っているときのメスライオンほど美しいものはない。外からでも筋肉の動きがわかる。それはもう、筋肉の塊《かたまり》、という感じで、たくましく、それでいて柔《やわ》らかい。フォルムも完璧だ。

しかし、狩りの方はいつもうまくいくとは限らない。草食動物に比べれば脚も遅いので、獲物が全速力になる前にしとめなければならない。草食動物たちも、ライオンの脚力を心得ているのか、一定の距離があれば逃げたりしない。まだ若いライオンたちは、狩りを完全には習得していない。それで、幼獣や他のライオンの食い残しで胃袋を満たしたりしている。

バッファローは手ごわい

ライオンが狩りの獲物とするのは、ヌー、シマウマが多いが、ときにはバッファロー（アフリカスイギュウ）をねらうこともある。しかし、相手は五〇〇キロもある巨体。しかも大きな角を持ち、群れで生活している。ライオンといえども、単独では手を出しにくい。群れを離れた老バッファローをしとめるのがせいぜいだ。

しかし、ライオンたちは、プライド全体で協力し合ってこの「巨大なご馳走」に挑戦する。

その時もそうだった。ライオン対バッファローの闘いが、もう何日間か続いていた。夜、ライオンがバッファローの群れを追いかけていく。バッファローたちはいななき、地響きを立てながら逃げる。闇夜にも、その土埃《つちぼこり》が白く見えていた。しかし彼らは、不思議なことにライオンを避けて遠くへは行かない。なぜライオンが見えないところまで行かないのだろうか。それはおそらく、殺人鬼は見えていた方が安全だから。どこにいるのかわからない殺人鬼ほど、恐いものはない。

◆バッファローのオスの群れを見る。群れから一頭が離れるのを待つ。

とうとうある朝、六時頃、一頭のメスライオンが年老いたオスのバッファローの尻に爪を立てた。別のメスがその背に飛びつく。バッファローはそれを振り落とそうとするが、ライオンたちは渾身《こんしん》の力で噛みつき、前肢の爪《つめ》でからだを抱え離れない。バッファローは相当の深手を負っている。やがて力尽きたのか、その場にどうと倒れた。プライドが力を合わせてバッファローを倒したのだ。そして食べようとしたその時、バッファローが倒れながらも低く唸った。

するとそこへ、何十頭もの仲間のバッファローたちが集まってきた。土埃があがる。まるでバッファローの群れの緊張感を表わしているようだ。しばらくは遠巻きにして

凝視し、近づいてはライオンに脅される、という小競り合いが続いていたが、中のひときわ大きなオス二頭が前に出て、ライオンを追い払った。彼らは傷ついたバッファローを取り囲み、真ん中に挟んで水場まで導いていく。ライオンたちはあきらめきれないのか、また、かなりの深手を負わせていることを承知しているからなのか、五、六頭が散らばってその後をついていく。

ライオンはバッファローが恐い。襲っても返り討ちにあうことがある。実際、若いライオンや子どものライオンは、ハンティングのときに、かなりバッファローに殺されている。

傷ついたバッファローを沼まで連れていった他のバッファローたちが、驚くような行動をとった。そのライオンの爪痕《つめあと》、傷口をぺろぺろなめ始めたのだ。あたかも、傷を癒《いや》すかのように……。ぼくは「なんて仲間思いなんだ」とうなってしまった。そういえば、バッファローは仲間を助けたり、復讐《ふくしゅう》したりすることがあるといわれている。

二時間くらい経っただろうか。仲間のバッファローたちは沼の近くで草を食んでいたが、そのあたりの草がなくなったのか、傷ついたバッファローを残して去ってしまった。結局、最後はライオンたちのねばり勝ち、バッファローはライオンに食われてしまった。

この出来事はとても印象的で、ぼくはずっと、「バッファローが仲間を助けた」と思っていた。

ところが、最近リビングストンの本を読んでいると、「水牛が水牛を食べた」という記述があった。昔は、わりと大風呂敷《おおぶろしき》を広げるというか、事実を大袈裟《おおげさ》に書きたてる風潮があったから、これも「白髪三千丈《はくはつさんぜんじょう》」的な話かと、眉《まゆ》に唾《つば》をつけて読んでいたが、ふと「あれ?」と思った。「あれ? もしかしたら、食べたくてなめてたのかな」と。「食べる」とまではいかなくても、血がおいしいということは考えられないだろうか。そう考えて、ぼくはガーンとなった。

ライオンを追い払ったことは確かだ。でも、なぜ追い払ったかと考えるときに、「仲間を助ける」というふうに、関係性を見出そうとするのは「ヒトの考え方」なのではないか。そこで関係性を切り離して考えたほうがおもしろい。

「かわいそうなバッファロー」「仲間思いのバッファロー」というストーリーの方が、人間にわかりやすいだけだ。食おうと思ったのかもしれないし、単に鉄分が足りなくて血をなめたかったからかもしれない。本当のところは人間にはわからない。

ライオンは残酷なのか

写真を撮る。映像化する。その目的のひとつには、やはり人に何かを伝えたいということがある。しかし、見ているこの現実そのものを、ポンと投げ出して見せても、なかなか伝わらない。写真にはキャプション（説明文）を、映像にはナレーションをつけることになるが、それが、見る人の印象を大きく変えてしまう。例えば、肉食獣の狩りのシーンに「弱肉強食の残酷な世界です」と言葉をつけるのと「ホントにおいしそうに食べてますね。ぼくもこの時、食べたいって思ったんです。シマウマのリブ、うまそうだなって」とつけるのとでは、写真（映像）の見方は一八〇度変わってしまう。たとえ言葉をつけなくても、切り取り方次第では見方も変わるだろう。

見たままのこと……わからないことがあれば、それをわからないままに、ヒトの見方を加えずに、どうしたら伝えられるのだろうか。

◆62、63ページ：一一月二七日（ぼくの誕生日）。午前八時。くもり空。年老いたバッファローが一頭、群れから離れていた。狩りをしかけたのは三頭のメス。

ライオンは、そんなに空腹でもないときは、狩った獲物をいたぶったりする。トムソンガゼルなどの小さい動物は、死ぬ前に失神してしまう。ライオンは、それを半殺しの状態で、四肢《しし》の一本一本をボキッ、ボキッと折っていたぶる。大きな舌でペロッ、ペロッという感じになめながら。そう、ネコがよくやる仕種《しぐさ》と同じだ。トムソンガゼルはそのたびに「グゥフーグゥフー」と苦しそうに鳴く。ああ、まだ生きている。

狩りに成功するまでは、ぼくは捕食者の味方だ。狩りに失敗すると、ぼくも悔しい。でも、ひとたび獲物がしとめられれば、つい獲物の方に感情移入してしまう。「痛そうだなあ。ひと思いに首の骨をバキッと折ってしまえばいいのに」。そんなことも考える。ライオンがそんなことをするのには、理由があるのだろうか。それとも「遊び」なのか。トムソンガゼルの声によって食欲が刺激され、楽しんでいるのだろうか。肉食動物同士では「食べないのに殺す」ということもあるようだ。ぼくが見た限り、ライオンがチータの子どもを殺したときには食べなかった。

その時ぼくは、あるチータのメスをずっとフォローしていた。コピエといわれる岩場の手前まで来たとき、そのメスが立ち止まって岩場を見上げている。その目線を追っていくと、一頭のメスのライオンが見え隠れしている。チータはライオンが恐いか

◆平原の中の岩場（コピエ）はライオンの隠れ処。岩の上は涼しい、虫が来ない、遠くがよく見える。

ら、そのライオンから目が離れない。そして、「ヒャヒャヒャヒャヒャヒャ」というような、鳥の鳴き声に似た声を放った。その声は、チータが子どもを呼ぶ時の声だった。一体どうしたのか。しばらくしてライオンが見えなくなると、チータはすぐさまコピエに駆け上がって、子どもをくわえてきた。一瞬「あ、子どもを移動させるのか」と思ったが、チータの子どもがライオンと同じ場所にいられるわけがない。そう思い直して見ると、チータの子は動かない。死んでいたのだ。チータの母親は、子どもの死体を遠くの別のコピエまで連れて行った。時々口がくたびれるらしく、子どもをおろしてなめてやる。結局、三匹いた子どもたちは皆殺されていた。母親が狩りに出た留守にライオンに襲われたらしかった。やはり、肉食獣同士のコンペティション——競争相手を減らすということだろうか。

ライオンのこうした面だけクローズアップして取り上げれば、「ライオンってひどい。トムソンガゼルはいたぶり殺す。食べもしないのにチータの子どもを殺す。なんて残酷なんだ」という印象を持ってしまう。ライオンがなぜそういう行動をするのか。それを解釈するにしても、人間の考え方には自ずと限界がある。こうした場面に遭遇したとき、自分の中に答えがあって、そこへ導くためにはどう考えたらいいのか、頭の中でストーリーを作ってしまう。でも本当は理由なんかないのかもしれない。「殺したいから殺す」。それも、ライオンの現実なのかもしれない。

ハイエナには（ヒトが考える）ルールがない

ハイエナは死肉を食べる。他の肉食獣の獲物を横取りする。そんなイメージがあるらしい。「ハイエナのようなやつ」というのは、絶対に誉《ほ》め言葉ではない。実は、この言葉はぼくにとって、ちょっとつらい。ぼくは、ハイエナの味方だからだ。

腰を落としてさもしげに走るハイエナの姿は、お世辞にもカッコイイとは言えない、と人は言う。でも、見かけで判断してもらっちゃ困る。顔だってよく見るとかわいいし、そもそもハイエナには原始的なところがあって、そこが見ていて興味深いのだ。

狩りをするにしても、ライオンやチータなどは、トムソンガゼルの喉笛《のどぶえ》を噛んで窒《ちっ》息死《そくし》させる。それは見事なものだ。ところがハイエナときたら、そんな風なスタイルがまるでない。ぼくは、いきなりガッとトムソンガゼルの頭蓋骨《ずがいこつ》を噛んだのを見たことがある。上からまるで丸呑《の》みするように。

人間が見て納得するようなルールがないのだ。ヌーなどは、ハイエナをバカにすることがある。群れの中をハイエナが一頭歩いていても「なんだ、ハイエナか」とでも

◆上：巣穴で待っている子どもたちへのみやげ。
左上：ハゲワシはいつのまにかやって来る。一羽二羽と舞い降りる。気がつくと五〇羽くらいになっている。ハイエナは追い払うが、無駄な抵抗。
左下：脚はリカオンの方が速い。追い払われても、ハイエナは再びやって来る。

いうように、無視したりする。ハイエナの方もうまいもので、ヌーなど眼中にないかのように下を向いて歩いている。そのくせ昼寝をしているヌーの群れの間をとぼとぼ歩いていて、いきなり一頭のヌーのお尻を嚙んだりして……。ヌーは「な、な、なにをするんだ!」と驚いて立ち上がる。他のハンティングをする肉食獣と違って、ハイエナは殺気を消すことができるらしい。いくら見ていても、ハイエナの動きは予測がつかない。

まだ見たことがなくてぼくが興味のあるシーンのひとつは、ハイエナの「悪魔の産《さん》婆《ば》」だ。ヌーが子どもを産み落とす瞬間、半分くらい頭が出かかっているときにハイエナが走ってきて、その頭をくわえ、子どもを引きずり出す。もちろん出産を手伝うのではなくて、そうやって生まれたての子どもを食べてしまうのだ。出産の瞬間はもっとも無防備だ。ハイエナ一頭ではヌーの成獣を倒せない。まったくアタマがいいというか、ずうずうしいというか。

リカオンというイヌ科の肉食獣がいる。ワイルド・ドッグとかハンティング・ドッグとも呼ばれ、非常に魅力的な狩りをする。二〇頭くらいが一直線になって、たったったったっ……と走る姿は「おー、かっこいい!」という感じだ。そして、群れで狩りを仕掛ける。円を描くように、ヌーの群れを小さく割って一頭にしていく。初めにしかけた一頭がいて、その一頭が疲れたら、二番手三番手というように交替して追いつめる。ヒトの言葉で言えば、まさにチームワークだ。リカオンの群れは一度動き始めると二〇キロくらい移動することがあるから、目が離せない。

彼らは、夜、群れで固まって寝るのだが、その休んでいるところへハイエナがやってきた。そして、あろうことか、首を前肢《まえあし》にのせて休んでいるリカオンのお尻に鼻がつかんばかりに寄って行く。リカオンもさすがに嫌そうな顔をしている。ハイエナにしてみれば、「なんかいいことないかな」「こいつらと一緒にいるといいことありそう」と鼻先を突っ込んでいるような感じだ。

リカオンがトムソンガゼルの幼獣をしとめて食べ始めると、さっそくハイエナはそこに寄って行く。リカオンが怒ってキャンキャンキャンキャンと追いかける。ハイエナは、例の、地面につくほどお尻を落とした格好で、ヒッヒッヒッと逃げる。しかし、どうもどちらもそれほど真剣にやっているようには見えない。リカオンはハイエナに致命傷を負わせない。噛みついて追い払うだけだ。ハイエナもそれをよく知っていて、遠巻きにしてまた見ている。「隙あらば」ということらしい。

ハイエナは単独で行動することもあるし、大きな群れを作ることもある。そんなところも「ルールがない」。一度、なにもないところでいきなり走り出したことがあった。本当にいきなり。時速三〇キロくらいのスピードで走る。あわてて追う。なにもないと思っていたら、二キロくらい走った先で、ちゃんとライオンが狩りをしていた。

二キロも先だから、ぼくはまったく気がつかなかった。なぜハイエナにはわかったのだろうか？　あの能力は、もう総合力としか言いようがない。ぼくたちには気づかないあらゆる小さな情報を、彼らはキャッチしているのだろう。例えばハゲワシが一羽、その方向にすっと飛んで行って、翼の形が変わったとか、そういうことかもしれない。

でも時々はミスインフォメーションもある。ンゴロンゴロでのおかしな出来事だ。森の中にまずライオンが走り込んだ。ハイエナがその後を追う。空からはハゲ

◆下：何家族かが同じ巣穴で暮らす。早朝、成獣が巣穴に帰ってきた。すぐさま子が巣穴から出てきて遊びを仕掛ける。
左：これが、ハイエナ座り。

ワシも。最後に人間……ぼくも森の中へ走り込んだ。すると、その森の中では、最初に走り込んだライオンも含めて駆け込んだ全員が、みんな右だ左だときょときょとしている。なんともマヌケな姿だ。最後にカメラを持って走っていったぼくが一番滑稽《こっけい》だったろうか。言い訳（？）すると、ぼくはハゲワシが空から舞い降りる瞬間を見たから走ったのだ。空から見ていたハゲワシまでだまされるとは思えない。きっと草食動物が悲鳴を上げたとか、何かあったのだとは思うが、いまだに謎だ。

ハイエナがしとめた獲物をライオンに横取りされる、という事実はあまり知られていない。ハイエナの狩りは夜明けに行われることが多いので、人間に見られることは少ない。観光客が来る時間には、ライオンが獲物を食べていることになる。それで、遠巻きに見ているハイエナが、まるでおこぼれを待っているように見えてしまうのだ。ハイエナがやっと倒したヌーを、あとからオスのライオンが割って入り、ハイエナを追い払ってとどめを刺した、という場面を見たことがある。オスライオンには多く見られる行動だ。では、いつでもライオンがハイエナの獲物を横取りするのかというと、これが地域によっても違うし、年によっても違う。ある年はハイエナがその地域で君主的な役割を果たしていて、ライオンの獲物を多数のハイエナがライオンを追い払って食べる。ライオンが来てもハイエナの方でバカにすることさえある。それを見た人が、「あそこはハイエナが強いんだよ。ライオンがほんとに弱く見えたよ」と言えば、

「よし、じゃあハイエナを見に行こう」と翌年行ってみる。すると逆に、ライオンが大きな顔をしていて、ハイエナは小さくなっている。単に数の問題なのかもしれないが、そんなことがいくらでもある。

　なかなか人気者にはなれないハイエナだが、子どもへの細やかな愛情だってある。それから、ぼくはひそかに「ハイエナ座り」と呼んでいるのだが、ちょっと横座りのようにして、お尻の下から後肢《うしろあし》の肉球が見えている姿などは、なんとも言えずかわいいものだ。

　ぼくは、ハイエナを主役にした番組を作りたいと思っている。でも、ハイエナはまず主役にはなりにくいだろう。いくらぼくがハイエナに味方しても、多くのヒトにとってハイエナはやっぱり「ハイエナのようなやつ」に違いないからだ。

ライオン対ハイエナ

ライオンとハイエナ……源氏と平家みたいなものだろうか。確かに見ていると、因縁めいた関係があって、「憎み合ってるなあ」としか思えない。ある朝、ライオンが狩りに失敗して背丈の高い草の中で休んでいた。そこにたまたまハイエナが通りかかった。運の悪いハイエナは、ライオンに襲われ殺された。そんなライオンのハイエナ殺しを三回ほど見たことがある。でも、ライオンは襲ったハイエナを食べはしない。

◆ハイエナが倒したヌーの幼獣をメスライオンが奪う。

殺すだけだ。それをヒトから見たら「恨みがあるんじゃないか」とか、「肉食動物同士、ライバルを減らすためだろう」とか、意味を考えることはできる。

ボツワナで、夜中、ハイエナの集団とライオンが、シマウマをめぐって闘うのを見たことがある。三頭のメスのライオンについているとき、シマウマの悲鳴が聞こえた。林の中だった。あわてて車を走らせコーナーをぱっと曲がったところに、シマウマがいた。黒白の縞《しま》と、真っ赤なあばらが飛び出ているのが見える。ハイエナたちが、まさにシマウマを襲っているところだった。きゃきゃきゃきゃきゃっと、女の子の嬌《きょう》声《せい》のような興奮した声をあげている。林の中のことで、あまりにも距離感がなかった

◆ハイエナが仲間を呼び、ライオンを追い払う。

ので、ぼくたちの車がハイエナを驚かせてしまった。ハイエナが後じさった瞬間、シマウマが立ち上がった。腰を血で真っ赤に染めて、立ち上がって走り始める。そして、林の中に消えた。そこへ、あの三頭のメスのライオンが現れて、そのシマウマを追いかけた。ハイエナたちは、いつの間にか一五頭くらいになって、シマウマを追いかける。うなり声をあげながら集まってきたハイエナたちに、ぼくたちの車も囲まれてしまった。シマウマは結局ハイエナに食べられた。

ハイエナたちがシマウマをむさぼるのを、三頭のライオンたちは、前肢にあごをのせ、にじり寄りながら見ている。シマウマのからだは、ハイエナの群れに覆われて見えない。朝方、外気が五度くらいまで冷え込むなかに、シマウマの内臓から湯気がぽわーっと立っているのが見える。その湯気の向こうで、ライオンたちが、その光景をじっと見ている。ライオンが少しでも前に出ると、ハイエナは食べながらライオンを一喝《いっかつ》する。ライオンは、まったく手出しできなかった。耳を後ろに寝せ、目を三角にして、瞳孔《どうこう》だけがくっきりと開いていた。まるで借りてきたネコのようだった。

この日、ライオンたちはかなり空腹なはずで、きっと狩りをやるという日だった。ライオンたちもつらかっただろうが、二時間ごとに交代して寝ずに追いかけていたぼくたちも、すっかりくたびれてしまった。

キリンのことはよくわからない

セレンゲティに暮らしているとき、家のそばにアカシアの木があって、そこへ夜な夜なキリンが葉を食べに来た。おそらく一年で数日、アカシアの葉がたまらなくおいしくなる日があるのだろう。

夜中、ずしんずしん……と、まるで地震のような、恐竜の足音（残念ながら実際に聞いたことはない）のような音が響く。寝ていたぼくは本当に驚いた。あわてて懐中電灯を手に見に行くと、窓のすぐ外に肢が見えた。懐中電灯をぐーっと上げると「あ、オスだ」とわかった。さらに上まで明かりでなめていく。顔があった。大きなオスだった。ぼくがじっと見ると彼の方もじーっと見て、それからまたずしんずしんと闇に消えていった。ゆったりした印象のキリンだが、見た目よりも案外速い。

キリンもまた、「主役」にするのが難しい動物だ。キリンはアフリカにしかいない。アフリカのサバンナといえば、キリン。サファリツアーでも人気がある。でも、「夕陽の中のシルエット」といった、割と無機的な、アフリカを象徴するフォルムとして

の扱いしか受けていないようだ。
キリンについてはわからないことが多いのだ。見ていても、ちょっとリズム感を欠いているようなところがあって、ずっと見続けることに耐えられないのかもしれない。ほとんど鳴くこともないし、彼らは一体どうやってコミュニケーションをとっているのだろう。しぐさでわかるのだろうか。研究者お得意の「高周波」かもしれない。
セレンゲティには、アンブレラアカシアという、傘を広げたような形の木がある。樹冠《じゅかん》が平らで、幹は一本すとんとしていて樹冠を支えている。まるで植木屋さんが刈り込んだようなたたずまいだ。キリンたちが長い首を伸ばし、好んでその葉を食べる

◆上：サバンナのイメージ。アカシアとキリン。
左：キリンの首はなぜ長い？

からそんな形になったといわれるが、本当にそうだろうか。反対に、他の動物が届かないような高いところに繁る木の葉を食べるために、キリンの首は長く伸びた、という説も「本当だろうか」と思ってしまう。トゴロ平原のマサイキリンたちは、アカシアの葉だけでなく地面の草も口でむしって食べる。長い首では地面の草は食べづらいだろうにもかかわらず。その草がちょうど食べ頃、「旬」ということなのだろう。それに、首の短いキリンなんて……想像できるだろうか。実際、短い首を持ったキリンの化石は発見されていない。キリンはこの世に誕生したときからあの形だった、と考えることはできないのだろうか。

草食動物たちが遠くの雨のにおいをかいで移動していく。誰もいなくなった平原に、それでもキリンは残っている。「どうしてオマエさんは行かないの」という顔でぼくが見ると、キリンは「なんでみんないないの」とでもいうようなとぼけた顔をしている。それから二日くらいたって、やっとキリンもいなくなった。雨が降って、緑がちょっと出てきた、というくらいのところへキリンは移動する。子どもは生まれて二週間くらいすると、もう小さな口でアカシアの若芽を食べだす。親子で葉を食べながら移動するとき、親は食べ始めると夢中になるので、どうしても早足になって親子の間が数百メートルも離れてしまうこともある。普通、草食動物は親子がくっついているものなのに、子どもは親の姿が見えなくなって初めて、急ぎ足で親を追いかける。見ている方は気が気ではない。「あんなに離れて大丈夫なのかな」。当時四歳だった娘に言うと、彼女はこともなげに、「大丈夫だよ。そのために首が長いんだよ」。なるほど。

それもひとつの答えかもしれない。

キリンはそばで見ると本当に大きい。一度クレーン車を持っていって、キリンの目の高さで映像を撮り、TV番組を作ってみたい。キリンの目の高さで見たら、もしかすると、キリンのことがもっとよくわかるかもしれない。

闖入者《ちんにゅうしゃ》

セレンゲティの家には、キリンだけじゃなくてさまざまな動物がやってきた。小さいところでは、アリ。小さくてもこの大軍にはひどく悩まされた。家の中のあらゆる食べ物にアリが取り付く。それどころか、家のまわりをアリたちに包囲されてしまったことだってあった。娘はアリを「百獣の王」と表現した。それから、ネズミ。やはりぼくたちの食料を目

◆川筋の泥の中の草の根を食べる。ゾウが背後から近寄ってきた。あわてて土手へ駆け上がる。

当てに何匹もやってきた。家の中庭には、しばしばバブーン（ヒヒ）が訪ねてきた。奥さんが生ゴミの入ったバケツを持って現れるのを心得ていて、数百メートル先の川筋からやってくる。先に来て待っていることすらあった。

夜中、人間たちが寝静まったころ、家のまわりを咳《せき》をして歩く人がいる。「ごほん、ごほん」と。最初はマサイの人かと思った。マサイの人は肺炎にやられる人が結構多い。「労咳《ろうがい》の人かな」。それで、ある日また懐中電灯を持って行って、「ごほん、ごほん」の正体を見たら、なんとヒョウだった。ヒョウの鳴き声はあまり知られていないけれど、まるで人間の咳のような声なのだ。ヒョウは、普段見つけにくい動物だ。とてもシャイで、闇から闇へ移動する。それが家のそばに現れるなんて、気が抜けるほど驚いた。

それから、こんな珍客もあった。ある日、娘が裏の木戸のところから御機嫌で鼻歌まじりで出ていった。出ていったと思ったら、あわててばーっと戻ってきた。「どうしたの？」と聞くと「イボイノシシとはお友達になりたくないよ」。ぼくが木戸のところへ行ってみたら、イボイノシシがしっぽを垂直に上げて、やっぱりぶわーっと走って行く。「人間の子どもとは友達になりたくないよ」って。まさに出会い頭《がしら》、目の前でバッタリ出会ってしまったようだ。当時四歳の娘と、ちょっと小さめのイボイノシシは、ちょうど視線の高さも同じくらいだったのだろう。

ぼくも、ボツワナで、人なれしているようなイボイノシシにどんと突かれて倒れたことがある。イボイノシシの背景にゾウがいて、両方を撮りたいと思ったぼくは、匍《ほ》匐《ふく》前進、五〇センチのところまで近づいて、広角レンズで撮っていた。するといきなり前から突かれてしまったのだ。子どもに近寄ったのがいけなかったのだろう。イボイノシシのあの鼻力はスゴイ。「猪突《ちょとつ》猛進」とはこのことか。

イボイノシシは、その名のとおり、目の下と頰《ほお》に左右一対大きなイボがある。地面に近い草の根とか木の根などの柔らかいところを食べている。

カバは芝刈り機

カバは日中の多くを水の中ですごす。そのためだろうか、カバは魚を食べていると思っている人が多いが、実際は草食動物だ。夕暮れになると陸へあがって草を食べる。おもに草の上のほうをむしゃむしゃばくばくと食べる。カバは「芝刈り機」なのだ。カバのいるところといないところはすぐにわかる。この辺上手に草が刈れてるな、というところには、必ずカバがいるのだ。もしカバを一頭飼っていたら、芝刈り機なんていらない。

カバは時折、夜、陸に上がって草を食べ、朝になると水辺に帰っていく。「朝帰りのカバ」に出会ったことがある。それも、相当遠方まで出張する。まったく水がないところで突然カバに出会って、「ど、ど、どうしたの、こんなところで、カバさん」。こちらもあわてるが、向こうも相当あわてる。真っ赤になってあわてる。もっともカバはもともと赤い。皮膚に赤い分泌液《ぶんぴつえき》を出す分泌腺《せん》があるのだ。分泌液は皮膚の乾燥を防ぎ、消毒をする働きがあるという。水面から出ている目のまわりも、ほんのりと

◆右上：カバのオス同士のケンカ。動きはすばやい。大口を開いたほうが、勝ちか？　負けか？
右下：浮いているのは移入植物、通称ナイルキャベツ。ここで暮らす八頭が、モグラ叩きのように出てくる。
上：子どもが遊んでいる。水中だからできる格好だ。

赤い。そして、腹。カバが泥の上でひっくり返って、背中を掻《か》くことがしばしばあるが、そんなとき、腹が出ていてはっとすることがある。カバの腹は鮮やかなピンクで、ぷよぷよしていて、皺《しわ》があって……。見ているぼくのほうが、なんだか恥ずかしくなってしまう。思わずピントがずっとずれたりして。

カバはのんびりしているように見えるが、水辺に縄張りを持つオス同士の戦いは激しい。あごが外れそうなほど、大きく口を開く。口を上下に振る。そうしているうちに徐々に興奮が増してくるのだろうか。緊張が頂点に達すると、頭を斜めにこきざみに振って下あごで水をすくいあげ、相手に向かって激しくぶちまける。彼らのからだには傷痕が多いが、ほとんどが争いで生じたものだ。こうした傷は、赤い分泌液の作用で治りやすいようだ。

カバは見かけよりも激しい気性の持ち主なので、もし彼らが魚を食べる――肉食だったら、人間は近づけないだろう。

ぼくは一度、カバに襲われそうになった。草原にいたカバを見つけて、近寄ってみた。向こうはこちらを気にしていないようだ。ぼくはシャッターを切りながら、さらに近づく。とうとう二メートルまで近づき、撮影を続けた。ついでに記念写真を撮ろうと、一緒にいた人にカメラを渡し、カバに背を向けた。その時、後ろに気配を感じた。振り向くと、視界いっぱいにカバの牙《きば》と口があった。カバのつばきがぼくの顔にかかる。カバに嫌われてしまったわけだ。

昼間のほとんどを水中で暮らすといっても、潜水時間はそう長くはない。せいぜい三分から五分といったところ。からだは水中に隠れていても、耳、目、鼻が水面に出るようにレイアウトされていて、呼吸はできる。また、潜水時には鼻と耳は閉じるようになっている。水面上へあがるときに、鼻の穴から水を吹き上げる。まるでクジラの潮吹きのようだ。逆光で見るカバの潮吹きは、しぶきが白く輝いて美しい。

野生動物に「母性」はあるのか

野生動物のメスは、生のエネルギーの大半を出産と子育てに費やす。生命を産み出し種を残していくことは、野生動物の最大の使命なのだ。人は、動物の親子の中に人間の親子のかたちを見る。そして、多くの人は動物の親子の姿が好きだ。「親子の情愛」「母親の献身・自己犠牲《ぎせい》」。そんな言葉で表現する。でもぼくは、それもヒトの目で見た、ヒトの言葉ではないかと思う。

ニホンザルの、こんなエピソードがある。生まれて間もない子どもが死んでしまったとき、母ザルはその子を抱いて放さない。何日も……。子どもの死体がやがてミイラ化し、ボロぞうきんのようになっても抱えたまま。ひょっとしたら、子どもが母親のからだの一部になっているんじゃないか。そんな気がしないでもない。ヒトから見れば、なんともせつない、やりきれない光景だ。ところが、母ザルはその子を傍らにおいて草を食べる。ふと見ると子どもにハエがたかっている。母ザルが追い払う。「あんなに子どもを大切にしている」という見方もできる。しかしよく見れば、追い

払っているのではなくてハエを捕まえて食べているのかもしれない。「死んだ子を抱えている」という姿を見ただけで、ヒトは「子どもを諦《あきら》められない母親」という物語を頭の中に作ってしまうのではないか。

　草食動物の幼獣が捕食者に襲われたとき、母親はどうするだろうか。もちろん、最初はそれを防ごうとする。「お母さんが子どもを守るために闘う」。ところが、ある瞬間ぱっと切れる。そうすると子どもを捨てて自分は逃げる。なぜあれほど、闘う姿勢で身構えていたのに、逃げてしまうのだろう。恐怖感からなのか、あきらめなのか。もしかすると子どもとの間に、なにか信号のようなものの交感があるのかもしれない。

◆母ゾウが、乾季の川底に鼻で穴を掘り水を飲む。親子が交替で飲む。

あるいは子どもが生のエネルギーを発しなくなっているのか。見た目にはその変化はわからない。死ぬまで闘ってしまうと、子孫を残すべき親までが死んでしまう。ぼくは一度だけ、ヌーがライオンに襲われ、親子ともども食べられてしまった例を見た。そのときはライオンが複数だったから、親の方も逃げる余裕がなかった。しかし、野生動物には本来、襲われたのが自分じゃなくてよかった、という要素があるように思える。たとえ襲われたのが自分の子どもであっても。

野生動物の「母性」について、科学者はときに、「遺伝子を、より若い、将来生殖《せいしょく》能力を持つ子どもに伝えるために自分は犠牲になるものだ」と説明することがある。しかし、見ていると、「遺伝子を伝える」という一言では言い表せない、もっと生々しい印象があるのも事実なのだ。

ゾウの群れは子ゾウを大切に扱う。移動するときは子どもを群れの中心に置いて外敵から守る。そんなゾウでさえ水を飲むときは自分の子どもを鼻でぽーんと追いやったりする。乾季、川底が乾くと、ゾウたちは前肢と鼻で井戸のような穴を掘って水を飲む。その穴は一頭の鼻がやっと差し入れられる程度の小さな穴だ。そこではお母さんと子どもでも同時に飲むことはない。お母さんが鼻を上げたときに、子どもが交代で鼻を入れて水を飲む。そのルールを犯したとき、母親は子ゾウを前肢で突き飛ばした。

多くの例を見ていると、「母親が子どもを保護する」という考え方は当てにならないと思えてくる。ヒトの子のように、「お母さんにおっぱいを飲ませてもらう」「お母さんに助けてもらう」という受動では結局生きていけないようだ。子どもが生きていこうとする力、生命力がもっとも大切なのだ。それが弱いと最後は淘汰《とうた》されてしまう。そういう見方の方が素直なのではないか。事実、多くの野生動物の授乳を見ていると、「授乳」というよりは「子どもの方で乳首にぶら下がっている」ように見える。肉食獣のように子どもが多い場合は、兄弟同士の間でも競争になる。

やはり娘が四歳のときのこと、チータがトムソンガゼルの幼獣を襲うのを目撃した。チータは三〇分とかからず、瞬く間にそれを食べて、後には骨と皮だけが、まるで抜《ぬ》け殻《がら》のように残った。ぼくは車を降りて、娘に「ほら、皮だけだよ。トムソンガゼルのお母さん、まだあそこで見てるよ。かわいそうだね」。彼女は「かわいそうだね。でもまた産みゃいいさ」。

ぼくは目が点になった。そうか、また産みゃいいのか……。平原にはトムソンガゼルの子どもたちがたくさんいる。毎年そうやってぽこぽこ生まれる。それを見ていると「また産めばいい」というのがとても自然な考え方に思えてきた。チータは生きるために草食動物を食べ、草食動物はそのかわりどんどん子どもを産む。連綿と続いてきたその大いなる営みの中では、ヒトの考えることなんか、本当にちっぽけなことに思えてくる。

生命をあきらめるとき

当たり前のことだが、野生動物に「老後」はない。年をとると目が悪くなる。走れなくなる。そうすると、一直線に「死」だ。バッファローなど大型草食動物でも、年をとると群れの動きについていけなくなって、一頭だけ離れてしまうことがある。草食動物の単独行動は、捕食者の格好のターゲットになってしまう。運よくそれを逃れても、やがては力尽きて死ぬことになる。ヒトのように、「死んだらどうしよう」なんてことは思わない。最期のときが来たら、それを自然に受け入れているように見える。それをヒトから見ると、「なんて潔い」ということになるのかもしれない。野生動物は、とにかく生きようとする。死ぬまいとする。それが大前提なのだ。

トムソンガゼルなどがライオンやチータに襲われると、端で見ていても「もうダメだ」という瞬間がある。捕まっても最初は首や肢《あし》をばたばたして抵抗しているのだが、急速に生気が失せていく。捕まるまではライオンの味方であり、チータの味方である

◆泥にはまったヌーの幼獣。このあと、車に積んであるポリタンクの水をかけて引き抜いた。

ぼくも、そういうときは、ものすごくかわいそうに見える。そして、ぱっとエネルギーが消え、その後に断末魔――四肢《しし》の痙攣《けいれん》がある。その、スイッチが切れるような一瞬、生命をあきらめるような瞬間がぼくにもわかるのだ。

オーストラリアで死に瀕《ひん》したコアラに出会ったことがあった。ユーカリの木から下りて、地面に座っている。「あ、かわいいな」と思い写真を撮ったのだが、ずっと首をうなだれている。調子が悪いのかと思っていたのだが、翌日も同じところにいる。見ると毛づやが悪い。ぺたぺたと毛と毛がくっついて元気がない。毛を上げてみると、ダニがいっぱいたかっている。コアラは観念したようにそこをじっと動かない。異種であるぼくにも、「死」をはっきりと見ることができる。その次の日、そのコアラは同じところで死んでいた。

逆にどんなに状況が厳しくても生のエネルギーが残っていることもある。先に書いたことだが、泥の川から助け出した若いヌーがそうだった。泥に埋まって顔だけが外に出ているのだが、その顔はあきらめてはいなかった。撮影しようと、鼻息がかかるほどの距離で彼の顔をのぞき込むようにしたとき、そこから気のようなものが伝わってきた。エネルギーを感じたのだ。目だけがかーっと見開かれて、彼は生きようとしていた。じたばたするのではなく、動かずにチャンスを待っているようにぼくには思えた。それは、無駄な感じがしなかったのだ。

あきらめてしまうものと、あきらめないもの。生命力の差。それはもはや個体差としかいいようがない。

ヒトの手が入る

雨季と乾季の間、まだすっかり乾ききってしまう前に、セレンゲティ平原に火が放たれる。国立公園の職員がガソリンを草の上に垂らし、マッチを擦《す》る。乾燥した草はピチピチ音を立ててよく燃える。風にあおられ、瞬く間に燃え広がる。火は上昇気流をつくり、上空に雲が生まれる。雲は雨を降らす。雨が降れば緑が芽生える。そうす

◆上:ヨーロッパコウノトリが野火から逃れ出るトカゲやヘビ、虫などを食べる。
左:ヒョウの母親が樹上に引き上げたトムソンガゼルを、オスの子が食べる。

ると草食動物がやって来る。草食動物が来れば、観光客もやって来る……。

セレンゲティで野焼きが行われるようになったのは、一九七〇年頃のことだ。焼かれた草の灰が、肥料になるということもあるかもしれない。野焼きといっても、一〇〇パーセントすべてを焼き尽くすわけではない。炎を上げて燃えてもそれは数時間のことで、落雷などによる自然火とは違う。しかし、火は破壊だ。それが人間の手によって定期的に行われるということに、問題がないわけではない。一見元どおりになったような草原も、絶対に同じ状態にはもどらない。

セレンゲティでは、特に川筋の植物の種類が極端に減っている。これは、野焼きと無関係ではない。川筋の植物が減ったために、そういうところに隠れる動物が減少している。

大きな動物でいえば、ヒョウだ。ヒョウは樹上で生活することが多いが、夜、木から木へ移動する場合は、たいてい木の下の草に隠れるようにして、こっそりと移動する。昼間、近くを車が通りかかったりすれば、姿を隠してしまう。ヒョウは、もちろん個体によって違うが、普通非常にシャイな動物だ。乾季になると、草の背丈が短くなるので姿を隠しにくい。それで、草丈の高い川筋にいることが多いのだが、姿を隠してくれる草や木が焼かれてしまうと、もはやヒョウたちはそこでは暮らせなくなってしまう。

ヒョウは子ども連れを除けば単独で行動していることがほとんどだ。子どもは一歳くらいになると親元を離れるが、そのくらいではまだ自分で狩りをすることはできないから、親が狩りをして与えている。ヒョウの獲物はトムソンガゼルなどのレイヨウ類が多い。樹上に潜んでいて、トムソンガゼルなどが来ると、ぱっと飛び降りる。これでは、ひとたまりもない。それを樹の上までくわえて持ち上げ、太い枝や枝分かれした叉《また》のところに引っかけておく。重いものだと五〇キロくらいはある。それをくわえて、七、八メートルから一〇メートルくらいまで、一気に幹を駆け上がるのだ。樹上ならばライオンやハイエナからはもちろん、樹冠で覆われているのでハゲワシからも見えない。ライオンは木に登ることができるが、ヒョウがいるような木は、たいてい幹が垂直だったり細すぎたりして登れない。ぼくがヒョウを探すときは、樹冠を見上げて、下の陰の枝のところにインパラなど獲物の頭部が引っかかっていないか、それを手がかりにして探すこともある。

親が狩りをして獲物をしとめたときに子どもが木の下の茂みにいる場合、母親は子どもを捜して呼びに行く。草丈の高いところで、母親はどうやって自分の居場所を知らせるのだろう？　先が白くなった長い尻尾を立てて子どもに合図を送るのだ。ネコも子ネコたちを従えるときは、尻尾を立てている。

おもに樹上で生活するヒョウにとって、川筋の植物が減ることは大変な問題だ。樹は幹で呼吸をしているから、その幹が三六〇度黒焦《くろこ》げになってしまうと、木は呼吸ができなくなって枯れてしまう。半分くらいの被害なら再生できるのかもしれないが、寄生虫なのか、病気になる木も多い。瘤《こぶ》ができて中から腐ってしまい、やがてそこから折れてしまうのだ。イエローフィーバーツリーの倒木が目立つのもそのせいかもしれない。結局強い木だけが残るから、種類も減っていく。

アフリカの人たちは、太古からアフリカに住んで野生動物と暮らしてきた。そんな既成概念がまかり通っている。しかし実際には、マサイの人々が内陸のセレンゲティにやってきて、たかだか数百年。もともとヒトが住んでいたところと野生動物の生活圏が重なっていた、ということはほとんどないのだ。

大昔、大移動をするのはヌーだけではなかった。群れ単位で動く草食動物は、皆移動をしていた。ところが、ヒトが住むようになって、そのルートが寸断されてしまった。道路ができ、町ができて、草食動物の移動が阻まれてしまったのだ。そして一九七〇年代、ケニアのツァボが大旱魃《だいかんばつ》に見舞われた。その結果、何千頭というゾウが死滅した。もし移動が可能だったら、こんな悲劇は起こらなかったかもしれない。

自然にヒトの手が入ることは、人間が考えるよりもはるかに大きな影響を及ぼす。ゾウは敏感な動物だから、狩猟区と禁猟区で行動が変わる。狩猟区でゾウに会うと彼

◆家族で同じ道を踏みしめる。ゾウが歩いたあとの草の倒れ方で、進んだ方向がわかる。

らはすごい早足で逃げる。そして保護区に入ったとたん、足取りがゆっくりする。二年ほど前に、タンザニアの保護区、タランギレ国立公園から出て狩猟区に入ったとき、そこにいた三〇頭くらいのゾウの群れがいきなり騒いだ。ぼくたちの乗った車を見たとたん、鼻を上げ、ギーッというものすごい声を発して、砂埃を高く巻き上げ走り出したことがあった。どうしてなのか。それが血なのだろうか。過去にいじめられた経験が、何代かに渡って、血の中に脈々と伝えられているのではないだろうか。

ボツワナでゾウの取材をしていたときにも、脅えたゾウの群れを見た。そこにはチョーベ川という川が流れていて、川の北側はナミビア。そちらの方角から銃声が聞こえた。すると五〇頭くらいのゾウが、だーっとパニック状態になって川を渡ってきた。ゾウたちのからだとからだの隙間がなくなって、輪郭が見えなくなり、一面にゾウ、という感じだ。斜面が川の水面までゾウに埋め尽くされている。ゾウのように大きなからだの動物があわてる姿は、醜い。ゾウ本来の姿には似つかわしくない。あまりにも気の毒なのだ。ヒトが生まれる以前からいた、この大きな動物が肩身を狭くして生きているのかと思うと、怒りに近い感情を覚える。ゾウもネズミも同じ、大きさに関係はないのだが……。

絶滅

いま、大変な勢いで、多くの野生動物が絶滅している。それは、人類が地球上に誕生して以来、初めて経験するような規模で、「大量絶滅」といってもいい。地球的なレベルで見ると、種が減って、単一化していく傾向にある。

最近こんなことがあった。WWF（世界自然保護基金）機関誌の表紙に野生動物の写真を提供しているのだが、先日二十数年前に撮ったウガンダのキタシロサイの写真が掲載された。使用を決めた広報の方が、「このシロサイは見えなくなったのですが」とぼくに話したのだった。つまり、絶滅してしまったらしい。ある種が百何頭、というところまで減ると、そこからはあっという間に絶滅に至る。

日本でも、一九九五年にトキの絶滅が確定した。かつては本州にもいたトキは、佐《さ》渡《ど》の保護センターに残るメス一羽になってしまった。そのメスは高齢で産卵は無理なので、中国からひとつがいが贈られた。大勢の人たちが見守る中、このつがいが繁殖に成功した。中国のトキのつがいから「国産のトキ」が誕生した、というわけだ。こ

◆この姿は、もう二度と見ることはできない。
ウガンダ・一九七六年撮影。

のニュースは全国を駆け巡り、あちこちから喜びの声が伝えられたが、ぼくは「ちょっと待て」と思う。こうして「国産のトキ」が増えたからといって、どうしようというのだろう。いまさらトキが住める環境が日本にあるのだろうか。人間の努力によって絶滅の縁《ふち》から数を増やしたからといって、それを野に放つことは無理ではないか。トキ自身が野生として自立できるのか、ぼくは疑問だ。

「開発か、保護か」。今の動物保護はその観点からしか語られない。そこには「人間か、保護か（野生か）」、という論争のすり替えがある。また、動物の保護管理を、単純に数だけで決めてしまうことには納得で

きない。例えば日本のシカにしてもそうだ。植生と動物の関係が日本独自のものではなく欧米の考え方に左右されている。ある場所でシカの数が増え、過密化している。すると、即、「数をコントロールする」という発想になる。しかし、地域によって状況はまったく違う。全体的に見れば、むしろ日本の山はシカによって作られてきたといってよい。「鹿」という字には「山のふもと」という意味もあり、これは山麓の「麓」と同じ意味だ。シカは、ヒトが山に入る以前から、脈々と日本の山で生きてきた。そういう歴史があるのだ。

アフリカにしても同じことがいえる。ヒトと動物が折り合って暮らしてきた歴史な

◆陽が昇り気温が上昇すると、水を求めて移動を始める。

ど、ほとんどない。野生動物について、知らなかった歴史の方がはるかに長いのだ。知ったときには既にその数は減り始めていた。そこで初めて「保護」という発想が生まれた。その保護を目的としたヒトの行為が、逆に野生動物たちの本来の生き方を変えてしまうことだってある。

一九二九年、セレンゲティ平原を中心とした周辺地域が、イギリス政府によって野生動物保護区域に指定された。当時タンザニアはイギリスの植民地だった。その後、五〇年代後半にこの保護区は拡大され、現在のような線引きになった。その面積は一万四七六三平方キロ。東京圏（東京都・神奈川県・千葉県・埼玉県）の面積よりもやや広い。「線引き」といっても、それはあくまでヒトの都合、人為的なもので、そこに生息する動物たちのあずかり知らないことだ。しかし、人為的であるために、野生動物の保護対策のあり方に、いくつかの問題を残すことになった。

先にヌーの大移動について紹介したが、この移動ルートが最近変わってきた。本来公園境界線の外を含む円環的なコースをたどっていたのだが、それが、境界を越えない直線的なコースに変わりつつあるのだ。境界線のあたりで密猟がさかんになっているからだ。かつて、その地域の住民たちはヌーを食べて生きていた。しかしヌーの狩猟が全面禁止になり、「食べるため」ではなく「金のため」の密猟になった。そうなると、狩猟の全面禁止は実情にそぐわないのではないか。

もっとも許し難いのは、サイやゾウを殺して、その角や牙だけが獲られている現実だ。その多くは、印鑑やアクセサリーになっている。しかも、ゾウは個体数が安定しているからという理由で、ワシントン条約の批准《ひじゅん》を一ランク落すことが認められ、一九九九年、ボツワナ・ジンバブエ・ナミビアの三カ国から、保管されているものに限り、日本への輸入が解禁された。

こうした、数だけで判断していく考え方が主流になっていることに、ぼくは抵抗を覚える。「数が減ったから守れ」「増えたから殺してもいい」というのはあまりに傲《ごう》慢《まん》な発想だろう。

セレンゲティ国立公園の境界の外側では、年々人口密度が高まっている。住民の多くはウシを飼っている。このウシを襲うリンダ・ペストという病気が、セレンゲティのヌーに感染する恐れが出てきた。防疫《ぼうえき》対策を急がないと、将来ヌーの数は現在の三分の一にまで減ってしまうという予測がある。こうしたケースは過去にもある。リカオンの激減だ。公園内に生息するリカオンは現在一〇〇頭にも満たない。それは、かつて住民が飼っていたイヌのジステンパーが彼らに感染したためだった。今やその絶滅が懸念されている。

また、一九九二年頃から、セレンゲティに住むライオンが大量に死んでいるのが発

◆112、113ページ：夜明け。時速五〇キロのリカオンの狩り。ヌーの群れから一頭を切り離す。

見されるようになった。不思議なことに、それもやはりジステンパーが原因だったという。

結局、ヒトと自然との、うまい折り合いなどないのかもしれない。しかし、ある程度、ヒトの営みと自然とのバランスを管理していくような思想、考え方があるのではないか。それが自然管理なのではないか。そして、野生動物は自然の中にあってこその「野生」なのだから、それはすなわち動物の保護・管理につながっていくだろう。

悲しき狩人

チータを見ていると、ぼくは悲しくなる。生きることは美しい。そして悲しい。彼らはぼくに、そう感じさせるのだ。

チータは地球上の哺乳動物でもっとも速く走る。その走りっぷりを眺めていると、この動物は走るために生まれてきたんだな、という気がしてくる。獲物が間近に迫った時のダッシュの速度は、時速一〇〇キロ以上ともいわれる。チータが全力を出しきって疾走しているとき、その一つ一つの動きを肉眼でとらえることはとても無理だ。しかし、あまり長い距離を走ることはできない。

チータは生まれながらのハンターだ。いや、というよりは、ハンティングができなければ生きていけないのだ。

チータはときに実物よりも大きく見えるのだが、実際は体高約七〇センチメートル、体長約一五〇センチメートル、体重約五〇キログラムといったところ。だから、あまり大きな獲物はねらわない。オスはヌーのように大きな動物をねらうことがあるが、

メスの場合、大きくてもグラントガゼル級がせいぜい。セレンゲティではトムソンガゼルがほとんどだ。

ぼくのチータの発見方法は、まず、近くに彼らの獲物がいるところ。それから、高い場所で、しかもライオンやハイエナのいないところ、この二点にポイントを置く。

ぼくはある時、一頭のメスのチータのハンティングを見ていた。丘や樹木、蟻塚《ありづか》の上など、高いところから獲物を探して、ねらいを定め、草や木の陰に身を隠しながら前進する。獲物との距離が三〇〇メートルほ

◆右：チータが木に登るのは珍しいことではない。でも下りるのは苦手。ネコのように爪が引っ込まないからだといわれている。
上：単独でいるオスのトムソンガゼルをねらうことが多い。全身の力を使って押し倒す。

どになると、ストーキング。小さな頭部を前にぐっと伸ばし、背、腰、尻までがほぼ一直線になる。距離が縮まる。さらにストーキング。そしてなめらかに助走し、一頭のトムソンガゼルを追ってダッシュ。トムソンガゼルは、右に左にジグザグターンを繰り返す。チータも長い尻尾でバランスを取って方向転換し、ジグザグに追う。このジグザグについていけるかどうかが、狩りが成功するか失敗に終わるかの分かれ目だ。小さな頭は獲物の中心から離れない。そして獲物に追いつくや、片方の前肢で獲物の後肢を払うか、両前肢でがっとばかりに押さえつけて捕らえると、すばやく食べる。ライオンやハイエナに横取りされたくないからだろう。チータは肉食獣の中ではあまり強い方ではない。だから、何に対してもびくびく怖がっているようなところがある。

狩りに失敗することも少なくない。姿を隠して近づいていくのに、相手にばれてしまうことがある。最初に気づいたトムソンガゼルの一頭が、首を長くして、前肢を踏み鳴らしたり、警戒音を出したりして「あ、チータだ、チータだ」と仲間に伝える。そうするとチータは堂々と姿をあらわし、照れかくしなのか、あくびをしたり、あごをかいたりして「あんたなんか見てたんじゃないのよ」という風情で立ち去る。なんとなくこっけいな姿だ。一度失敗すると一、二時間は、呼吸が乱れてしまって再び狩りをすることはできない。チータにとって狩りは、それほどエネルギーと集中力を要するものなのだ。

ネコ科の動物たちは長く鋭い爪を持っているが、普段はそれを隠している。ところがチータの場合、それが、イヌのように出たままになっている。この長い爪がちょうどスパイクのような役割をして、あの走りに役に立っているそうだ。しかし、そのおかげで木登りは苦手だ。登ることはできるのだが、下りる段になると、長い爪が引っかかってうまく下りられない。太い枝から幹まで下りてきて、下を見て、「あれ、どうやって下りるんだろ？」という顔をする。結局ずりずりと落ちてきて、飛び降りるか、どしんと落ちるか。それで首を折ったチータがいたという。

セレンゲティに住んでいたときに、子どもを四頭連れたメスのチータを、一カ月あまり、断続的に観察したことがあった。そのうち車のエンジン音にも慣れて、車を寄せたりカメラを向けたりしても嫌がらなくなった。

動物に近づくときは、まずその動物の気持ちになる。そして「何もしないよ。怖がらなくていいよ」ということをわかってもらう。車でまっしぐらに近づいては、絶対にダメだ。ジグザグだったり、まわりに円を描くようにしたり。そして徐々にその円を縮めていくのだ。途中で双眼鏡をのぞき、相手を見る。そこで向こうもこちらを注視するようだったら明らかに嫌がっているのだから、その時はそれ以上近づかない。このチータは嫌がっている。他のにしよう、と。ただこの時にその個体の特徴を覚えておく。そして次に会ったときには、もう少し近づいてみる。そのうち向こうも、あ

◆雨季。虫が宙を舞う。子どもたちが産まれて一年経った。左から二番目が母親。

いつは何もしないな、とわかってくれる。車を見ていた目が離れ、遠くを見る。自分が今まで見ていたトムソンガゼルの群れを見る。それはぼくを許してくれた合図だ。チータはチータで車の形やエンジン音を覚えていく。そうやって臨界距離を縮めていく。最初からまったく気にしないものもいる。

その親子も一カ月くらいを過ぎる頃に、ぼくを受け入れてくれた。チータの子どもは生後一年半ほどは母親と一緒に行動する。親子に出会ったとき、子どもは、まだ生後三、四カ月だったろうか。子どもが大きくなるに従って、母親は狩りを頻繁に行わなければならなくなる。ぼくは知らず知らず

◆稜線で重なる。

のうちに、この母親に心ひかれていた。狩りの姿に、どこか悲哀感を覚えたのだ。

彼女が、もう三日間も狩りができないでいることがあった。時折捕まえるウサギは、子どもたちに与えてしまう。母親は、子どもたちが食べているのを見ないように、ちょっと顔を背けている。彼女の腹はぺちゃんこだ。細身のチータが、なおさらほっそり見える。

飢えたチータは、悲しいほど美しい。生きることの厳しさ、はりつめた緊張が、ぼくにも伝わる。しかし、ぼくの存在が狩りの邪魔をしているのではないか。それが気になって、ぼくまで食事が喉を通らなかった。

四日目の朝、親子でメスのグラントガゼ

ルを食べているのを見つけたときは、胸をなでおろした。五頭とも腹がぷっくりと膨《ふく》らんでいる。満腹し、蟻塚の上で休んでいる。子どもは母親にじゃれつく。平和な光景だった。

セレンゲティを去るとき、ぼくは彼女たち親子に、別れの挨拶《あいさつ》をしに行った。

チータもまた、絶滅の危機に瀕している。かつてはインドやアラビア半島にも生息していたというが、いまではアフリカにしかいない。子どもの生存率は低く、生後三週間で約八〇パーセント、二カ月以内でさらにその八〇パーセントがいなくなってしまう。

チータは昼行性といわれているが、「夜行性」か「昼行性」か、という分け方自体がヒトの基準だ。チータのオスは、夜歩き回ることも多いのだ。チータのオスとメスは、まったく別の動物に見える。生態が違うのだ。オスとメスが一緒にいるところを見ることも滅多にない。チータは、アフリカの動物の中でもっともポピュラーな動物の一種。日本のTV番組でも、何度も取り上げられている。ところがその生態にはまだまだ謎が多い。

そもそも、チータの交尾を見たことがあるだろうか？　交尾のシーンを目撃するチャンスはほとんどない。ぼくは、たった一度だけチータのカップルが交尾をしている姿を見た。そのときぼくは、一頭のオスのチータを追っていた。メスとの出会いは突然だった。オスがメスに追いつくと、二頭はすぐさま寄り添い、並んで歩き始めた。日没後、彼らが稜線《りょうせん》でひとつになるのを見た。交尾自体はほんの三〇秒足らずで終わった。そのあと、メスはなぜか二度吐《は》きもどし、体をきれいになめていた。

ヒョウにしてもチータにしても、斑紋《はんもん》のあるネコ科の動物は絶滅の危機に瀕している。最大の原因は狩猟。毛皮目当ての密猟がほとんどだ。ぼくはいつも思うのだが、毛皮は本来の持ち主が身につけているのが一番美しい。

見方で変わる

大航海時代を過ぎてもアフリカは長いこと「暗黒大陸」と呼ばれていた。アフリカ探検が本格的になったのは、一八世紀後半からだ。その歴史は、たかだか二〇〇年あまり。アフリカについての本を書いた人といっても、おそらく数百人だろう。だから、じーっと見ていると、発見とまではいわないが「え？　こんなこと本に書いてないよ」という場面に出くわすことがある。本を書く人たちは、限られたエリアの動物について調査し、書いているわけなので、必ずしもそれを一般化できるとは限らない。たとえばライオンの本。ライオンについて本を書いている人は、数十人。しかもライオン全例を見ているわけではない。ところがそれが活字になって、世界中で出版されると、それを全世界、何億という人々が読んで、それを真実と思い込む。しかし、まちがいも多い。特に動物は物語が作りやすい、という性格上、著者の思いが事実を歪《わい》曲《きょく》させやすい。

たとえば、「ゾウの墓場」という話をご存知だろうか。ゾウは自分の寿命を知っていて、死期が近づくと、ある場所に自ら行って、そこで息を引き取る。そこには死んだゾウの白骨が累々とあり、「ゾウの墓場」と呼ばれている、というものだ。ゾウの墓場……。本当にあるのなら、ぼくだって見てみたい。それは、こんな話から作られたのではないだろうか。例えば、洞窟《どうくつ》があって、たまたまそこにミネラル分の多い岩塩などがある。そこに、たまたまゾウがやってくる。ミネラルの多い岩塩に惹《ひ》かれて洞窟に入ったけれど、出られなくなってしまった。上るときに怪我をして死んだとか……。後でそれを発見した人が、ゾウの骨が固まってあるから、これはゾウの墓場に違いない、と。そんなことなら想像できる。

◆子ゾウはよく遊ぶ。まるで、鼻で相手を確かめているように。

結論を先に出してそれに縛られるとか、人間の考えることはどうもパタン化してしまっているように思える。原始の人間はそんなことはなかっただろう。自分の目で見て自分で判断し、自分で一つ一つ覚えていかなければならない。命にかかわるようなことであれば、うかつに一般化することはできないはずだ。

ヒトが見たものを、意識の言葉に置き換えて理解しようとすると、どうしても限界がある。ヒトの言葉はヒトがわかりやすいように作られたものだ。ヒトが、見たものを言葉に置き換えるのは、むしろ自然なことだとは思うのだが、それはあくまで「便宜上」のことだということを、つい忘れてしまう。そのために誤解の範囲を広げてしまうということがあるのではないだろうか。ゾウの挨拶みたいに。ゾウが出会ったときに、相手と鼻を絡《から》ませ合う。それをヒトの言う挨拶のようなものだと解釈して、「あれはゾウの挨拶行動である」と断言してしまうと、実はゾウにとっては、それは挨拶でもなんでもないかもしれない。ゾウは何百メートルも向こうからやってくる別のゾウを識別できるのだから、それをわざわざそばに来て、「あ、〇〇さんだわ、こんにちは」とやるだろうか。自分たちの行動に照らし合わせてわかりたいと思うのが、ヒトの特徴なんだろう。ライオンは「なぜゾウはあんなに鼻が長いんだろう」なんて、おそらく思わないだろう。だからヒトも「なんでなんだろう」と思わずに、「ゾウの鼻は長いんだ、最初から長いんだ」と思えたら、野生動物の見方も、考え方もずいぶん変わってくるのではないだろうか。

また、「ガラパゴスゾウガメは、成体、卵にかかわらず、流木などにつかまって、何らかの形で大陸から流されてきた」というのが学者の「定説」だ。ガラパゴス諸島は数百万年前に火山が隆起した島々だから、というのがその根拠だが、もともとここにいたという考え方があってもいいのではないだろうか。ふだんの暮らしのなかでも自分の目で見る、ということを、意識的にしていかなければ、と思うのだ。

そういう意味では、子どものほうが見方が自由だ。娘が小学校三年生のとき、オーストラリア・カンガルー島のヒツジの牧場に九カ月ほど住んだ。そのとき、ヒツジが日がな一日草を食《は》んでいるので、ぼくは彼女に「ヒツジさんて、なに考えてるんだろうね」と尋ねた。すると娘は「草だよ。草しか見てないよ」。確かに動物は食べることしか考えていないに違いない。ぼくは思わず「深いな」と感心してしまった。

同様に、ヒトと他の動物を分ける大きな特徴は、①直立二足歩行②言葉③道具、といわれているが、それにも例外がある。特に三番目の「道具」については、現在では異論も多いようだ。東アフリカのチンパンジーが細い枝を使ってシロアリ釣をしたり、ギニアでは、石でアブラヤシの実を割ったりする話、オランウータンが大きな木の葉を傘代わりにしたり、木の枝で川の水深を測りながら渡ったりする話などは有名だ。ぼくが見たのは、そうした類人猿の話ではない。ゾウなのだ。なかなか信じてもらえないかもしれないが、証拠の映像もある。

あるメスのゾウが、木の枝で自分のあごを掻いているところを見たのだ。日中、群れが木陰で休息しているときだった。そのメスは地面から長さ約一・五メートルの枝を選び、その端を鼻で持って、もう一方の端をあごの下に持っていって、ぎこぎこという感じで掻いている。それは非常に自然なやり方で、少しの違和感もなかった。偶然かもしれないと思ったが、しばらくやっている。痒《かゆ》いところがずれていくと、ち

ょっと位置を変えて、数分間やっていた。おそらく偶然ではないだろう。それをヒトが見れば、「道具を使う」ということになる。そしてさらに「道具＝知能」と結論づける。

しかし、ゾウにはゾウたちのルールがあって、それは人間の言う知能とは少し違うものなのではないかと思う。ゾウは家族単位で群れを作っているのだが、その家族ごとに草の食べ方、しいていうなら「伝統」「作法」のようなものがある。草の巻き方、泥の払い方が群れごとに違うのだ。草の根についた泥を、体にぶつけて払う方法とか、そのまま鼻で振って落とす方法とか、微々たる違いかもしれないけど、見ていて明ら

◆乾季。枯れ草の根を鼻で振り落とす。その鼻の振り方が家族ごとに違って見えた。

かに違う。もしかすると、たまたまぼくが見ていた世代だけが同じ方法を取っていただけなのかもしれない。でも、それが次の世代にも伝えられるとすると、それは立派な伝統になるのではないか。そしておもしろいことに、この作法はメスだけなのだ。オスにはない。

人間の常識にとらわれずに観察すると、実にいろいろなことが見えるものだ。ただ、それは、言葉にできるような、文字にできるようなことではない。絶えず野生動物に対しているとある緊張が生まれる。その緊張感から、間《ま》や肌合《はだあ》いがわかってくるように思えるのだ。水が流れるように、自分も自然の状態に合わせて変わっていく。常識にとらわれ、自分をそれにはめて考えようとすると、見えるはずのものが見えなくなってくる。自分の頭の中を、常に柔らかくしていなければならない。

同じところへ繰り返し行くようになると、見方が変わってくる。南極に近いサウスジョージア島では、来る日も来る日も、ペンギンを見ていた。ふと気づいたのだが、そこのペンギンたちは左右の足の太さが違うのだ。これは大発見だと思った。イギリスの有名な鳥類学者に、そのことを報告すると、彼は、そんなことは考えたこともない、どんな本を見ても出ていない、と言う。そこで考える。なぜ、太さが違うのだろう。もしかすると、生息地が傾斜地になっているため、どちらかに重心がかかって、斜面側が発達したのだろうか。もしかすると、陽のまわり方によってからだが変わってくる、ということもあるかもしれない。ともあれ、そうやって見ることによって発見がある。カメラマンは這いつくばって観察するから、視線が低くなる。それで最初に足が目に飛び込んでくるのではないだろうか。そういえば、カンガルーの赤ちゃんが生まれてお母さんの袋の中に入るのを初めて見たのは学者ではなかった。画家だったそうだ。見続けることが一番大切なのだ。ときに視線の高さを変えて……。

セレンゲティに住んでいるときのことだ。ある日撮影に出かけたら途中で車が故障してしまった。仕方がないので、家まで三四キロの道のりを歩いて帰った。ちょうど雨季が明けるときで、ヌーの群れがいた。キリンが水を飲んでいた。ジャッカルのカップルが、ぼくのまわりをくるくるくるくる回っていた。そうやって自然の中を歩いていて、ぼくは「あれっ」と思った。いつもと何かが違う。

いつも車の中から動物たちを見ていた。車を降りると、人間はとても小さい。視線の高さが動物たちに近くなっているのだった。そうやって見ていると、いつもと違って見えてくる。よく、「毎日動物を見ていて退屈しないんですか。毎日見ていても同じ動物でしょ」と聞かれるが、同じに見えることはまったくない。小さな発見がいくつもあって、飽きることなんてないのだ。

「飽きない」とはいえ、ちょっとつらいこともある。ヌーが川に水を飲みに来る、そこをワニが襲う、というシーンをねらったことがあった。撮影のポイントを探して、

◆体長六メートルのワニがヌーに忍び寄る。ヌーは気がつかない。

流れに沿って行ったり来たり。岩だと思って跳び乗ろうとしたら、ワニの背中だった。その瞬間、「因幡《いなば》の白兎《しろうさぎ》」を思い出した。裸にして帰してくれるならいいけれど……竜宮城へ連れて行ってくれるなら、なおいいけれど。ようやくポイントを見つけ、来る日も来る日も川縁《かわべり》のブラインドに入って、シャッターチャンスがくるまで一カ月半くらい粘った。この時は、さすがに悟《さと》りが開けそうだった。それだけ粘っても、映像で使えるのは一分くらいなものだ。

昼間のブラインドの中はサウナのような暑さで、そのうえツェツェバエの餌食となり、もう二度とやりたくない、と何度思ったことか。そのうちだんだん哲学的になっ

てくる。ワニが潜ったときの泡の出し方をじっと見たり、何匹かいるワニに名前をつけたり。ワニだって顔がみんな違う。顔面のでこぼこの感じとか、いぼがあるとか、そういう特徴を双眼鏡で見ているうちに、親しい気持ちが湧いてくる。普通の人にはワニのオス、メスの違いはわかりにくいと思うが、じっくり見ているうちに違いがわかってくる。そういう意識を持って見ていると、「ああ、あれはメスらしいな」「オスらしいな」、と。それはとても感覚的なことで、具体的には表現しづらい。

六メートルクラスの大きなワニがいるところには、小さいものはいても中くらいのはいない。小さいのはおこぼれにあずかることがあるのだろうが、中くらいのは追い

◆後ろ肢を捕らえ、水中へとひきずり込む。

出されるようだ。乾季で川幅が狭まってくると、水面下に潜んでいた小さいのが姿を見せる。

ぼくは一カ月半だが、ワニは半年もヌーがやってくるのを待っている。早朝だった。静かに、はじめは警戒しながらヌーたちが川の斜面を降りてきた。水を飲む前は実に慎重だが、いったん群れの前のほうが飲み始めると、我先にと水に入るようになる。

ヌーはワニが数十センチメートルまで近づいても気がつかない。動いて初めてパニックが起きる。

ワニがヌーの幼獣の後ろ肢を捕まえた。さらに水へ引き込んでいく。丸ごと川に引きずり込む。最後に泡が大きくぽんとはじける。ヌーの断末魔だ。ワニはそうした獲物を、すぐに食べずにしばらく置いておくことが多い。その時は川の底に引き込んで、浮いてこなかった。数日後、柔らかくなったヌーを、水面で叩きバラバラにして、細かくして喉に流し込むのだ。

ヌーは水を飲んでいて、目の前にワニがいるのにちっとも気がつかない。ワニの目玉が目の前に迫っているのに。動物は動くものには反応するのに止まっているものには鈍感なのだ。

このときは体長六メートルくらいのワニを、一九ミリのワイドレンズで撮影した。

ワニは大きいものになると九メートルくらい、大型バス一台くらいになるのもある。飲み込もうと思えば簡単だ。しかも相手はこちらの意図など一向にかまってはくれない。ワニが襲ってくるときは、まっすぐには来ない。しかも、あのからだで、ものすごく速い。一度卵を守っているメスが、すごい勢いでわわわーっと襲ってきた。思わずＴＶの撮影スタッフに「さがれー」と叫んで後ろを見たら、既に誰もいなかった。

◆136、137ページ：ある日、一五〇頭のゾウが集まる。子は遊び、メスは食べ、オスはメスを探す。

地上最大の動物

野生動物を見るとき、群れを作る動物、という視点で見ると、それまで見えなかったいろいろなことが見えてくる場合がある。動物が「群れる」には、何らかの意味があるのだろう。単独に近いときと群れるときとでは、行動がまるで違う。

動物にとって一番大切なことのひとつは、食べ物のことだ。食べ物によって、群れの動きがダイナミックに変わる。また、危険を察知し、危険から逃れるうえでも、群れは有効なのかもしれない。複数の単位で行動するから、自然と動物とのルールのようなものができていくし、ヒトの言葉で言えば、社会生活のようなものが作られていく。

そうしたベーシックな枠組みがあると、実は、オス、メスの違いも見えやすい。オス、メスの区別がつけば、ただ漫然と見ている時には気づかなかったことが見えてくる。見方が深化していく——深くなっていくのだ。そして、見るための知識・情報は、結局こうした最低限のものだけでいいのではないかとぼくは思っている。

ぼくは、ゾウ――アフリカゾウに興味を持った。ゾウは地上でもっとも大きな動物だ。しかも群れを作る。一九九七年の乾季と一九九九年の雨季に約二カ月ずつ、タンザニアのタランギレ国立公園でゾウを取材し、彼らにすっかり魅せられてしまった。

セレンゲティ、ンゴロンゴロの南東三〇〇キロくらい先、アリューシャという町に向かう途中に、マニヤラ湖国立公園がある。そこは、イアン・ダグラス・ハミルトンがゾウの社会行動をテーマに『野生の巨象』（朝日新聞社）を書いた舞台として非常に有名になったところだ。ぼくも取材の一環として、一九八四年、マニヤラ湖国立公園にでかけた。ところが九〇年代になると、マニヤラ湖へ行ってもゾウがいない。たとえいても、一頭か二頭、ほとんどがオスのはぐれゾウだった。国立公園自体にゾウがいなくなってしまったのだ。その理由はいくつか考えられるが、まず密猟があげられる。国立公園の中でも、激しく密猟が行われた時期があった。それから、水の流れの変化。アフリカ大陸を北から南に貫いて、グレートリフトバレーが走り、マニヤラ湖はグレートリフトバレーの東側にある。おそらくグレートリフトバレーの水の流れが変わったのだろう。現在は、マニヤラ湖の南、タランギレ国立公園にゾウが移ってしまっている。距離にして五〇キロくらいを、ゾウたちは歩いて移動して行ってしまった。

タランギレ国立公園は広さ二六〇〇平方キロメートル、そこに約二〇〇〇頭のゾウがいる。ゾウの生息密度としては東アフリカ最大の地域だ。タランギレはゾウにとっても居心地がいい場所だったようだ。ゾウは大量に水を飲む動物なので、水が豊富なところに集まる。ここにはタランギレ川という太い川があって、乾季でも水が完全に涸《か》れることはない。

今でこそ平和なタランギレでも、かつて、七〇年代八〇年代は、多くのゾウが殺された。密猟・合法両方で、象牙《ぞうげ》を目的とした殺戮《さつりく》が行われた。地上最大の動物にとって、最大の天敵はヒトだった。一九八九年にようやく保護されるようになったが、そんな事情もあって、ここには歳を取ったゾウが少ない。四〇歳以上の個体が少なく、逆に八九年以降に生まれた小さなゾウたちが殖《ふ》えて、今やベビーブームとなっている。若いゾウたちが勢いよく繁殖する活気のある地域で、経験の少ない親たちがどうやって子育てをするのか、子ゾウたちがどうやって生まれ、成長するのかを見るのが非常におもしろい。

「ビッグママ」

ゾウは典型的な母系社会だ。群れはメスと、自立前の若いゾウ、子ゾウたち、五頭から二〇頭くらいの小さな群れ――家族で構成されている。たいていは、からだの大きな年長のメスが家長格で、家長の命令は絶対だ。

ぼくはこの取材中に、実にユニークな家長格のメスに出会った。研究者たちの間で、彼女は「ビッグママ」と呼ばれていた。そのニックネームが表すとおり、四〇歳以上の

◆四〇歳を超える「ビッグママ」。彼女が密猟を免れたのはこの極端に短い牙のせいか。

と思われる大きなメスで、一見オスに見える。でも、大きなからだに似合わず、牙が小さい。もしかすると、その小さな牙のおかげで密猟を免れたのかもしれない。

ビッグママの家族を車でフォローしていた。道が二手に分かれ、その家族は左の道を選んで進んでいったが、なんとその先は崖で、ゾウたちは進むことができない。後ろからはぼくたちの車がくる。ぼくたちは、まったくそんなつもりはなかったのだが、意に反してゾウたちを追いつめる形になってしまった。

すると、ビッグママが、ぼくたちの車のほうを振り向いて立ち止まった。そして、大きな耳をからだにぴったり寝せつけて（そのポーズは、いかにも不愉快なときのポーズだ）、車に向かって立ち尽くし、動かなくなった。そしてそのまま二時間、車に対峙《たいじ》したままだった。その姿は、まるで家族を守ろうとしているように見えるだろう。結局、崖際《がけぎわ》のほうに猛禽《もうきん》が現れ、一頭の若いゾウが叫び声をあげて緊張が緩むまで、その姿勢は続いた。

ゾウファミリーの家長は強い。その命令は絶対のようだ。たとえば、ゾウは視覚に頼るというより、音とにおいに敏感で、しばしば鼻を持ち上げて風上に向かって動かし、しきりににおいをかごうとしたりする。家長格のメスがそうした行動をとると、群れのほかのゾウたちも、みんな鼻を持ち上げる。家長格が川を渡れば群れ全体も渡らなければならない。

二月から四、五月にかけての大雨季は、ゾウの繁殖の季節だ。この時期になると、いくつかの家族が集まってさらに大きな群れを作る。それは一〇〇頭、二〇〇頭単位の大集団となる。そこへオスが交尾のためにやってくる。オスは四歳から五歳になると家族から離れていく。そして生殖可能な年齢になり、発情期であるこの季節だけ、メスのにおいに惹かれて、遠くから（一山二山越えて）、繁殖の目的だけのためにやってくる。研究者たちは、発情したオスでも、さらに特別な状態にあるオスを「マスト」と言っている。インドから来た言葉らしい。マストな状態になるには、一五年から二〇年はかかるという。そして、その状態にならなければ繁殖できないと言われているが、ぼくが見た限り、もっと若いオスも交尾をしていたようだ。交尾だけでなく、オス同士のマウンティングもある。まだ幼い一歳くらいの子ゾウが、マウンティングのまねごとをしたりする。こうした遊びのような振る舞いが、やがて成熟したときの交尾行動につながっていくのだろう。

「マストのオスは、気が荒い、危険だから気をつけるように」といわれていたが、オス同士の激しい争いはあまり見かけない。

ある日、一頭の発情したメスと五頭のオスが一緒にいる。なかにはマストのオスが入っていた。ツーンとくるような、獣のにおいがすごい。メスはマストのオスの近く

◆144ページ：「マスト」の状態にあるオス。絶えず排尿している。

にいようとする。そうすることで、他の若いオスに挑まれることを防ごうとするかのように。するとそこへ、また別のマストのオスがやってきた。ぼくは、ここでメスをめぐる争いが起こると思ったが、はじめからいたほうのオスは後のオスにその場を譲り、あっさり逃げてしまった。人間から見れば年格好も同じくらい、からだの大きさも拮抗《きっこう》していて、闘わずに逃げるほどの差は見られない。それでもゾウにはわかるのだろうか。

聞けば、研究者でもゾウのオスによる「本物の」喧嘩は一〇年に一度しか見られないそうだ。それは、ぼくがかつて見た喧嘩などとは比べ物にならないほどすさまじいものだと言う。助走で勢いをつけて、頭同士をぶつけ合うのだ。その際に相手の牙がからだに刺さり、血だらけになるのだそうだ。しかし、ぼくが見たマストのオスは、怒っていてもちっとも恐くなかった。ちょっと後じさりしてから、スキップをするように前に出てパオーッと鼻をあげるのだが、脅しだということが丸見えで、パフォーマンスを見ているようだった。怒ったときは、オスよりもメスのほうが真剣な分だけ恐いのではないだろうか。

メスは九歳で繁殖期を迎え、一一歳で初めての出産をする。妊娠《にんしん》期間は二二ヶ月と

◆146ページ：野生動物に対して、「かわいい」という言葉はあまり使いたくない。でも、子ゾウはかわいい。

長く、三年に一回出産する。ヒトの見方でいえば、ゾウは妊娠期間が長いから子ゾウを可愛がる、と言われている。確かに小さい子ゾウがいれば、移動も少なくなるし、家族全体が敏感になる。移動するときには子ゾウを群れの中心に入れて、外から見えないようにする。しかし母親が子どもを守るというよりは、子ゾウが母親や群れについて行けるかどうかのほうが大きいだろう。タランギレ川は、子ゾウにとっては深い。でも家長格のメスが渡れば、全員が進んでいく。群れが渡れば、子ゾウも渡らなければならない。さすがに母親は躊躇するが、子ゾウは水面上に鼻を伸ばし、それで息をして渡っていた。

タランギレのゾウの母親は、自分が若くて経験が少ないから、子ゾウに対してどうしていいかわからない時があるようだ。戸惑っている母親ゾウをしばしば見かけた。幼い子ゾウがぼくたちの車に近づいてきてしまった。その母親もまだ一一歳と若い。あわてて悲鳴を上げた。すると、家長格——ビッグママが飛んできて、子どもを鼻で抱えて持ち上げ、母親のお腹の下に差し入れていた。ゾウには知識・知恵があるとか、物事を覚えるとかいわれるが、本当に野生動物は「覚える」のだろうか。それは、頭で学習して記憶するものとは、ぼくは違うと思う。からだでわかる、経験なのではないか。

ゾウの行動にもパタンがない（でもハイエナとは違う）

草食動物は数日間同じパタンを繰り返すことが多い。毎朝同じところに現れて、草を食んで、繁みに帰って寝る。ところがゾウは同じところに現れない。それは、たくさん食べるからかもしれない。タランギレには樹を含めて六〇種の植物があるが、一、二種類を除いて、すべてをゾウは食べる。そして、よく移動する。一日に三〇キロから四〇キロも移動することがある。

タランギレは非常に起伏に富んだ地形で、林もあれば山や谷、川もある。バオバブの巨木が多いことでも知られる。そこをかなりの速さで移動するので、人が車で完全にフォローするのは無理だ。ときどき、ゾウが消えてしまうことがある。あんなに大きなからだなんだから、すぐに見つかる。そう思うだろうが、とんでもない。まったく見つからなくなってしまう日もあるのだ。もう地下にもぐってしまったのではないか、としか思えないようなことだってある。頭でゾウの行動パタンを理解しようとしてもだめだ。風がどちらから吹いてくるか、それはどんな風か……ゾウの気持ちになって、そんなことにまで心を配らなければ、わからないのだ。

雨季には、いろいろな種の草が、時を変えて生えてくるので、ほとんど草しか食べない。四六時中、草を食べている。食べ過ぎじゃないかと思うほど食べる。草がなくなる乾季には、いろんなものを食べる。雨季にも見られるが、バオバブの幹だって食べる。幹に牙を差し込んでバリッと皮をはがし、それを鼻で縦にはがして食べる。バオバブの幹は水分をたっぷり含んでいてもひどく堅いのだが、ばりばり音を立ててはがして食べる。

乾季でもタランギレ川の砂の下には水が残っている。ゾウたちは、鼻を聴診器のようにして、川底の砂に当てて水を探る。水のにおいがわかるのだろう。前肢と鼻で一頭分の鼻が入るくらいの井戸を掘って、ずるずるずるーっと吸い込んで水を飲む。砂も入ってしまうので、最初の吸い込みのときは飲まずにだだだだーっと撒《ま》き散らす。そして二回目のときは、砂を吸い込まないようにうまく上澄みだけを器用に吸う。そうやって、ゆっくりとたっぷりと水を飲む。

◆右：ゾウは泥遊びが好き。泥がひだを埋め込んで暑さよけになるし、虫よけにもなるといわれている。
左：目の下のたんこぶは、繁殖期のオスだけに見られる。ここでにおいをつける。

おもしろいことをするのはオス

水を飲んでいても、オスは何かと遊びをする。最初は渇水状態なので、焦って夢中で飲んでいるが、余裕が出てくると、口に含んでもバーッとこぼす。庭園のスプリンクラーのように、鼻をくるくる回して水を撒き散らす。遊んでいるとしか思えない。

水遊びはともかく、泥遊びは大好きなようだ。ゾウは暑さに弱いのだろう。大きなからだを泥の中に転がして、いろいろな動きをする。人が「これがゾウの形」と思っているイメージを見事に覆す。まるで宇宙遊泳のように踊ったり、泥の中にお座りしたり。見た目よりもからだが柔らかい。

こうした遊びをいつまでもやっているのはオスだ。一〇〇キロほどもあるバオバブの木の枝を鼻で持ち上げて振り回したりする。

ゾウに限らず、おもしろいことをするのは大抵オスだ。なぜなら、暇だから。「暇」といっては失礼だが、メスは出産・子育てに費やす時間・エネルギーが大きいためか、あまり無駄な動きはしないのだ。

例えばヌーやトムソンガゼルの「においづけ」などは、オスの方が熱心だ。それもいろいろな方法で思いがけないところにしたりする。ヌーの分泌腺は頭のところにあるが、それを木の叉にこすりつけたり、かがみ込んで、まるで土を掘り返すように背丈の低い草になすりつけたり。トムソンガゼルやインパラは、分泌腺が目の下にあって、繁殖期になるとそこが膨《ふく》れ上がる。「どうしたんだ、あんなたんこぶつけて。ケンカか」と思って見ていると、そこを草の先につけて、においをつけている。この分泌物は、どんなにおいがするのだろう。好奇心に駆られて、ぼくも嗅いでみたが、わからない。麝香《じゃこう》のような香水のもとになるにおいを期待して、トムソンガゼルの分泌物をもとに、トミーとかいう名のパフュームを作った人がいたが、残念なことに全然におわなかったそうだ。仲間同士にしか通用しないシグナルなのだろうか。それとも、このにおいがわからないのは人間だけなのだろうか。

オスのにおいづけは縄張りのためと言われている。ではメスはやらないかというと、そうでもない。尿をかけたりしてにおいづけをしているのを見たことがある。オスはそのにおいをかいで興奮する。口がめくれて笑ったような顔になって、メスが排尿したところにひっくり返り、さらに自分のにおいをつけたりしている。

オスのゾウのなかには意地悪なやつもいる。メスの家族たちが川を渡るのを向こう岸で待ち構えて、追い払う光景を見た。そういう時、メスの家長格はキレてしまう。

ふん、という感じで、もとの岸に戻ってしまう。

どうも、ゾウは現代的なのか、キレやすいようだ。ゾウが草を食みながら移動しているとき、ぼくたちの車が、邪魔をするつもりはなくても、たまたまゾウの進行方向に出てしまったことがあった。そうすると、キレる。食べるのを止めてしまう。からだ全体に「ヤダ」と書いてあるように見える。からだが大きいから表情が見えやすいのだろう。

実は、この取材（一九九九年・タランギレ）でぼくはあらためてゾウを知ったような気がしている。群れ、オス、メスという枠組みで見ると、とても多くのことが見えてくる。そして一番大きなことは、ゾウを見ていると力が湧いてくるということだ。タランギレのゾウたちが、若く活気のある群れだったからかもしれない。子育てをしているために、より敏感で、一層細やかな行動を見せてくれたからかもしれない。ぼくが、ヒトとして、お互い同じ生きものとして対峙《たいじ》したときに、ゾウの持っているエネルギーが伝わるような気がした。異種の動物として、本当に嗅ぎ取ることができるかどうかは別にしても、何か通じるものがあったのだ。

あとがき

セレンゲティ――ぼくは日本にいても、この言葉を繰り返し口にする。その響きが心地いいというだけではない。口にするたびに、それはまるで呪文《じゅもん》のように、豊かで広大な自然、多様な生きものたちの姿をよみがえらせる。ぼくは撮影日記はつけないのだけれど、いつも、いつまでもその記憶は鮮明だ。

しかし、アフリカの自然のすばらしさに手放しで夢中になりながら、一方で、自然とヒトとの関わりについて、とりわけその難しさについて考えさせられる。

野生動物を知りたいと思ったら、とにかく「見る」ことに尽きる。世の中には情報や知識が氾濫《はんらん》しているから、つい「わかった」気になってしまう。でも、自分の目で見る、からだで見る。あるいは、風や光を感じる。そうした体験を通じてしか、わからないことがたくさんあるのではないだろうか。そして、自然の中にある情報に対して、常に自分の感覚を研ぎ澄まさなければ、野生動物には出会えないし、何も見えてこないだろう。

それはきっと、アフリカだけに限ったことではない。野生の魅力――からだが震えるような感動は、コアのところでは、アラスカにいても南極にいても、そして日本にいても同じだと思う。都会の中にいても、感じる人は感じることができる。残酷なようだけれど、感じる努力ができない人は、アフリカに行ったところで何も見えてこないに違いない。

自然の中にいると、予測のつかないことがおきる。ヒトの判断が及ばないこともある。そこが一番おもしろい。はまってしまうと抜けられない、底無し沼のような魅力だ。そこでは、肩書きだとか格好だとかは何の意味も持たない。だからこそ、都会に住む人が自然の世界へ旅すると、同じ場所に何度も行くリピーターになることが多いのだろう。

「見ること」を深めるには並大抵の努力ではすまないと思う。しかし、野生動物、そして自然とヒトとの関係は、そこからはじまるのだ。

それを教えてくれたのは、ほかでもない、世界中で出会った多くの野生動物たちだ。写真家になってから三〇年近い日々のなかで、いったいどれほどの野生動物たちに出会っただろう。そのすべての野生動物たちに「ありがとう」と言いたい。

もちろん、いろいろな場面で多くの「ヒト」にもお世話になった。旅を支えてくれた方々、野生動物との出会いのきっかけを作ってくれた方々……ここにお名前を記すことはできないが、皆さんにこの場を借りて感謝したい。それから、この本を企画して、楽しく本作りを進めてくださった筑摩書房の磯知七美さんにも。

ところで、「生きもののおきて」とはいったい何だろうか？　あらゆる生命をつなぐ、目には見えない自然の「やくそく」。かつてぼくは、確かにそれを感じた。大自然の中にあれば、自分自身の生命もまた、その「おきて」によってつながっているのだと実感した。しかし、そういう見方自体が、ヒトの頭が考えだしたものなのではないか。実は生きものに「おきて」などないのではないか――最近ぼくはそんなふうに考えることがある。いや、もしかすると、本当にあるのかもしれない。

野生動物を撮り続け、いつか、それを確認することができたらいい。

一九九九年九月

岩合光昭

セレンゲティは滅びず。

文庫版あとがき

近頃は、ネコの写真家ですね、と言われることが多くなっています。言われた本人は実はまんざらでもありません。ネコが好きだからと素直な気持ちもありますが、アフリカに生きるライオンだって大きなネコだから、と納得してみるのです。その逆に街で出会うネコに野生を見ることがあって小さなライオンだな、とも思うのです。朝日を浴びてネコの体がふくらむ感じはライオンにもあります。

一方、その朝日を浴びることがぼくたちヒトにも必要だということを忘れてしまっているような生活を余儀なくされています。が、ヒトももちろん自然の一部なのですから、自然環境に即した生き方ができるはずです。ネコでもライオンでも見ていると体の動きにハッとさせられることがあります。食べるために動いて生きているし、生きているから動くのだということを、完璧ともいえるフォルムの美しさによって見せてくれます。

「生きもののおきて」は今でも常に考えていることです。ただ、はたしておきてがあるのかないのかというようにはあえて考えなくなっているようです。

確かにおきてはあると思います。以前に書いたようにそれは人知をはるかに越えたところにあるものなのかもしれませんが、でもやっぱりヒトの言葉によって表現されるものです。自然を考える時にヒトはまず当てはまる言葉を探してから自分のなかでよく咀嚼《そしやく》して考えを都合良くまとめているようです。それではどうしても限界があります。

肩肘張らないためにはどうしたらよいのかと先年アフリカに行った時に考えてみました。大型哺乳類が地上で一番多いからそれだけアフリカでは生態系が複雑に絡み合っています。キリンとシマウマが同じ斜面にいます。そこでぼくはまずキリンを見てシャッターを押します。そのすぐ後で今度はシマウマを見てシャッターを押します。できあがってきた写真をデジタルカメラの液晶画面で確かめます。すると二枚の写真はどこかが違うのです。もっとキリンに近づいてじっと見てみます。するとキリンは見られていることを意識するのです。まるで睨み返してくるような迫力を感じます。同じ位置から今度はシマウマを見ます。すると今度はシマウマが意識をするのです。気のせいだろうといわれてしまうかもしれません。しかし、見ることだけで相手の被写体の動きすら変わるのです。

どうもヒトは常に自分が主人公であることばかりを考えているようです。キリンにはキリンのおきてがあるのでしょう。シマウマはシマウマのおきてがあるのでしょう。それらのおきてが絡み合って壊れないようにまとまっているのがアフリカの大地なのです。どうしてヒトとしての見方しかできないのだろうと自分を禁《いさ》めるばかりです。アフリカはヒトの考えを拒絶するところがあると思います。おそらく拒絶しなくなったアフリカには魅力がなくなるでしょう。自然の驚異とは、恐ろしいほど美しくまた魅力的なものです。それがぼくのおきてなのかもしれません。

二〇一〇年四月

岩合光昭

本書は一九九九年一月に、小社ちくまプリマーブックスの一冊として刊行された。

いのちと放射能　柳澤桂子

放射性物質による汚染の怖さ。癌や突然変異が引き起こされる仕組みをわかりやすく解説し、命を受け継ぐ私たちの自覚を問う。（永田文夫）

熊を殺すと雨が降る　遠藤ケイ

山で生きるには、自然についての知識を磨き、己れの技量を謙虚に見極めねばならない。山村に暮らす人びとの生業、猟法、川漁を克明に描く。

ダダダダ菜園記　伊藤礼

畑づくりの苦労、楽しさを、滋味とユーモア溢れる文章で描く。自宅の食堂から見える庭いっぱいの農場で〝伊藤式農法〟確立を目指す。（宮田珠己）

哺育器の中の大人［精神分析講義］　伊丹十三　岸田秀

愛や生きがい、子育てや男（女）らしさなど具体的な問題について対話し、幻想・無意識・自我など精神分析の基本を分かりやすく解き明かす。（春日武彦）

こころの医者のフィールド・ノート　中沢正夫

こころの病に倒れた人と一緒に悲しみ、怒り、闘う医師がいる。病ではなく〝人〟のぬくもりをしみじみと描く感銘深い作品。（沢野ひとし）

本番に強くなる　白石豊

メンタルコーチである著者が、禅やヨーガの方法をとりいれつつ、強い心の作り方を解説する。「ここ一番」で力が出ないというあなたに！（天外伺朗）

自分を支える心の技法　名越康文

対人関係につきものの怒りに気づき、「我慢する」のでなく、それを消すことをどう続けていくか。人気精神科医からのアドバイス。長いあとがきを附す。

加害者は変われるか？　信田さよ子

家庭という密室で、DVや虐待は起きる。「普通の人」がなぜ？　加害者を正面から見つめ分析し、再発を防ぐ考察につなげた、初めての本。（牟田和恵）

人生の教科書［人間関係］　藤原和博

人間関係で一番大切なことは、相手に「！」を感じてもらうことだ。そのための、すぐに使えるヒントが詰まった一冊。（茂木健一郎）

バナナの皮はなぜすべるのか？　黒木夏美

定番ギャグ「バナナの皮すべり」はどのように生まれたのか？　マンガ、映画、文学……あらゆるメディアを調べつくす。（パオロ・マッツァリーノ）

私の幸福論　福田恆存

この世は不平等だ。何と言おうと！　しかしあなたは幸福にならなければ……。平易な言葉で生きることの意味を説く刺激的な書。（中野翠）

生きるかなしみ　山田太一編

人は誰でも心の底に、様々なかなしみを抱きながら生きている。「生きるかなしみ」と真摯に直面し、人生の幅と厚みを増した先人達の諸相を読む。

老いの生きかた　鶴見俊輔編

限られた時間の中で、いかに充実した人生を過ごすかを探る十八篇の名文。来るべき日にむけて考えるヒントになるエッセイ集。

人生の教科書［よのなかのルール］　藤原和博　宮台真司

〝バカを伝染（うつ）さない〟ための「成熟社会へのパスポート」です。大人と子ども、お金と仕事、男と女と自殺のルールを考える。（重松清）

14歳からの社会学　宮台真司

「社会を分析する専門家」である著者が、社会の「本当のこと」を伝え、いかに生きるべきか、に正面から答えた。重松清、大道珠貴との対談を新たに付す。

逃走論　浅田彰

パラノ人間からスキゾ人間へ、住む文明から逃げる文明への大転換の中で、軽やかに〈知〉と戯れるためのマニュアル。

学校って何だろう　苅谷剛彦

「なぜ勉強しなければいけないの？」「校則って必要なの？」等、これまでの常識を問いなおし、学ぶ意味を再び摑むための基本図書。（小山内美江子）

生き延びるためのラカン　斎藤環

幻想と現実が接近しているこの世界で、できるだけリアルに生き延びるためのラカン解説書にして精神分析入門書。カバー絵・荒木飛呂彦（中島義道）

反社会学講座　パオロ・マッツァリーノ

恣意的なデータを使用し、権威的な発想で人に説教する困った学問「社会学」の暴走をエンターテイメントな議論で撃つ！　真の啓蒙は笑いから。

「社会を変える」を仕事にする　駒崎弘樹

元ITベンチャー経営者が東京の下町で始めた「病児保育サービス」が全国に拡大。「地域を変える」が「世の中を変える」につながった。

半農半Xという生き方【決定版】　塩見直紀

農業をやりつつ好きなことをする「半農半X」を提唱した画期的な本。就職以外の生き方、転職、移住後の生き方として。帯文＝藻谷浩介　（山崎亮）

レトリックと詭弁　香西秀信

「沈黙を強いる問い」「論点のすり替え」など、議論に仕掛けられた巧妙な罠に陥ることなく、詐術に打ち勝つ方法を伝授する。

人生を〈半分〉降りる　中島義道

哲学的に生きるには〈半隠遁〉というスタイルを貫くしかない。「清貧」とは異なるその意味と方法を、自身の体験を素材に解き明かす。　（中野翠）

ひとはなぜ服を着るのか　鷲田清一

ファッションやモードを素材として、アイデンティティや自分らしさの問題を現象学的視線で分析する。「鷲田ファッション学」のスタンダード・テキスト。

ひきこもりはなぜ「治る」のか？　斎藤環

「ひきこもり」研究の第一人者の著者が、ラカン、コフート等の精神分析理論でひきこもる人の精神病理を読み解き、家族の対応法を解説する。　（井出草平）

パーソナリティ障害がわかる本　岡田尊司

性格は変えられる。「パーソナリティ障害」を「個性」に変えるために、本人や周囲の人がどう対応し、どう工夫したらよいかがわかる。　（山登敬之）

子は親を救うために「心の病」になる　高橋和巳

子は親が好きだからこそ「心の病」になり、親を救おうとしている。精神科医である著者が説く、親子という「生きづらさ」の原点とその解決法。

減速して自由に生きる　髙坂勝

自分の時間もなく働く人生よりも自分の店を持ち人と交流したいと開店。具体的なコツと、独立した生き方。一章分加筆。帯文＝村上龍　（山田玲司）

花の命はノー・フューチャー　ブレイディみかこ

移民、パンク、LGBT、貧困層。地べたから見た英国社会をスカッとした笑いとともに描く。200頁分の大幅増補！　帯文＝佐藤亜紀　（栗原康）

ライフワークの思想　外山滋比古

自分だけの時間を作ることは一番の精神的肥料になる、前進だけが人生ではない——。時間を生かして、ライフワークの花を咲かせる貴重な提案。

整体入門　野口晴哉

日本の東洋医学を代表する著者による初心者向け野口整体のポイント。体の偏りを正す基本の「活元運動」から目的別の運動まで。（伊藤桂一）

風邪の効用　野口晴哉

風邪は自然の健康法である。風邪をうまく経過すれば体の偏りを修復できる。風邪を通して人間の心と体を見つめた、著者代表作。（伊藤桂一）

体癖　野口晴哉

整体の基礎的な体の見方、「体癖」とは？　人間の体をその構造や感受性の方向によって、12種類に分ける。それぞれの個性を活かす方法とは？（加藤尚宏）

整体から見る気と身体　片山洋次郎

「整体」は体の歪みの矯正ではなく、歪みを活かしてのびのびした体にする。老いや病はプラスにもなる。滔々と流れる生命観。よしもとばなな氏絶賛！

東洋医学セルフケア３６５日　長谷川淨潤

風邪、肩凝り、腹痛など体の不調を自分でケアできる方法満載。整体、ヨガ、自然療法等に基づく呼吸法、運動等で心身が変わる。索引付。必携！

身体能力を高める「和の所作」　安田登

なぜ能楽師は80歳になっても颯爽と舞うことができるのか？「すり足」「新聞パンチ」等のワークで大腰筋を鍛え集中力をつける。（内田樹）

はじめての気功　天野泰司

気功をすると、心と体のゆとりができる。何かがふっと楽になる。のびのびとした活動で自ら健康を創る、はじめての人のための気功入門。（鎌田東二）

居ごこちのよい旅　松浦弥太郎　若木信吾写真

マンハッタン、ヒロ、バークレー、台北……匂いや気配で道を探し、自分だけの地図を描くように歩いてみよう。12の街への旅エッセイ。（若木信吾）

わたしが輝くオージャスの秘密　服部みれい　蓮村誠監修

インドの健康法アーユルヴェーダでオージャスとは生命エネルギーのこと。オージャスを増やして元気で魅力的な自分になろう。モテる！　願いが叶う！

あたらしい自分になる本　増補版　服部みれい

著者の代表作。心と体が生まれ変わる知恵の数々。文庫化にあたり新たな知恵を追加。冷えとり、アーユルヴェーダ、ホ・オポノポノetc.（辛酸なめ子）

思考の整理学　外山滋比古

アイディアを軽やかに離陸させ、思考をのびのびと飛行させる方法を、広い視野とシャープな論理で知られる著者が、明快に提示する。

「読み」の整理学　外山滋比古

読み方には、既知を読むアルファ（おかゆ）読みと、未知を読むベータ（スルメ）読みがある。リーディングの新しい地平を開く目からウロコの一冊。

アイディアのレッスン　外山滋比古

しなやかな発想、思考を実生活に生かすには？　たんなる思いつきを〝使えるアイディア〟にする方法をお教えします。『思考の整理学』実践篇。

質問力　齋藤孝

コミュニケーション上達の秘訣は質問力にあり！　これさえ磨けば、初対面の人からも深い話が引き出せる。話題の本の、待望の文庫化。（斎藤兆史）

段取り力　齋藤孝

仕事でも勉強でも、うまくいかない時は「段取りが悪かったのではないか」と思えば道が開かれる。段取り名人となるコツを伝授する！（池上彰）

齋藤孝の速読塾　齋藤孝

二割読書法、キーワード探し、呼吸法から本の選び方まで著者が実践する「脳が活性化し理解力が高まる」夢の読書法を大公開！（水道橋博士）

自分の仕事をつくる　西村佳哲

仕事をすることは会社に勤めること、ではない。仕事を「自分の仕事」にできた人たちに学ぶ、働き方のデザインの仕方とは。（稲本喜則）

自分をいかして生きる　西村佳哲

「いい仕事」には、その人の存在まるごと入ってるんじゃないか。『自分の仕事をつくる』から6年、長い手紙のような思考の記録。（平川克美）

あなたの話はなぜ「通じない」のか　山田ズーニー

進研ゼミの小論文メソッドを開発し、考える力、書く力の育成に尽力してきた著者が「話が通じるための技術」を基礎のキソから懇切丁寧に伝授！

半年で職場の星になる！　働くためのコミュニケーション力　山田ズーニー

職場での人付合いや効果的な「自己紹介」の仕方など最初の一歩から、企画書、メールの書き方など実践的技術まで。会社で役立つチカラが身につく本。

スタバではグランデを買え！ 吉本佳生

身近な生活で接するものやサービスの価格を、やさしい経済学で読み解く。「取引コスト」という概念で学ぶ、消費者のための経済学入門。（西村喜良）

新宿駅最後の小さなお店ベルク 井野朋也

新宿駅15秒の個人カフェ「ベルク」。チェーン店にはない創意工夫に満ちた経営と美味さ。帯文＝奈良美智（柄谷行人／吉田戦車／押野見喜八郎）

味方をふやす技術 藤原和博

他人とのつながりがなければ、生きてゆけない。でも味方をふやすためには、嫌われる覚悟も必要だ。ほんとうに豊かな人間関係を築くために！

ほんとうの味方のつくりかた 松浦弥太郎

一人の力は小さいから、豊かな人生に〈味方〉の存在は欠かせません。若い君に贈る、大切な味方の見つけ方と育て方を教える人生の手引書。（水野仁輔）

増補 経済学という教養 稲葉振一郎

新古典派からマルクス経済学まで、知っておくべき経済学のエッセンスを分かりやすく解説。本書を読めば筋金入りの素人になれる⁉（小野善康）

町工場・スーパーなものづくり 小関智弘

宇宙衛星から携帯電話まで、現代の最先端技術を支えているのが町工場だ。そのものづくりの原点を、元旋盤工でもある著者がルポする。（中沢孝夫）

トランプ自伝 ドナルド・トランプ／トニー・シュウォーツ 相原真理子訳

一代で巨万の富を築いたアメリカの不動産王ドナルド・トランプが、その華麗なる取引の手法を赤裸々に明かす。（ロバート・キヨサキ）

英語に強くなる本 岩田一男

昭和を代表するベストセラー、待望の復刊。暗記やテクニックではなく本質を踏まえた学習法は今も新鮮なわかりやすさをお届けします。（晴山陽一）

英単語記憶術 岩田一男

単語を構成する語源を捉えることで、語の成り立ちを理解することを説き、丸暗記では得られない体系的な英単語習得を提案する50年前の名著復刊。

ポケットに外国語を 黒田龍之助

言葉への異常な愛情で、外国語本来の面白さを伝えるエッセイ集。ついでに外国語学習が、もっと楽しくなるヒントもつまっている。（堀江敏幸）

仁義なきキリスト教史　架神恭介

イエスの活動、パウロの伝道から、叙任権闘争、十字軍、宗教改革まで――。キリスト教二千年の歴史が果てなきやくざ抗争史として蘇る！（石川明人）

現代語訳 文明論之概略　福澤諭吉　齋藤孝訳

「文明」の本質と時代の課題を、鋭い知性で捉え、巧みな文体で説く。福澤諭吉の最高傑作にして近代日本を代表する重要著作が現代語でよみがえる。

鬼の研究　馬場あき子

かつて都大路に出没した鬼たち、彼らはほろんでしまったのだろうか。日本の歴史の暗部に生滅した〈鬼〉の情念を独自の視点で捉える。（谷川健一）

ギリシア神話　串田孫一

ゼウスやエロス、プシュケやアプロディテなど、人間くさい神々をめぐる複雑なドラマを、わかりやすく綴った若い人たちへの入門書。

橋本治と内田樹　橋本治　内田樹

不毛で窮屈な議論をほぐし直し、「よきもの」に変える成熟した知性が、あらゆることを語りつくす。伝説の対談集ついに文庫化！（鶴澤寛也）

9条どうでしょう　内田樹／小田嶋隆／平川克美／町山智浩

「改憲論議」の閉塞状態を打ち破るには、「虎の尾を踏むのを恐れない」言葉の力が必要である。四人の書き手によるユニークな洞察が満載の憲法論！

哲学の道場　中島義道

哲学は難解で危険なものだ。しかし、世の中にはこれを必要とする人たちがいる。――死の不条理への問いを中心に、哲学の神髄を伝える。（小浜逸郎）

哲学個人授業　鷲田清一　永江朗

哲学者のとぎすまされた言葉には、歌舞伎役者の切る「見得」にも似た魅力がある。哲学者23人の魅惑の言葉。文庫版では語り下ろし対談を追加。

夏目漱石を読む　吉本隆明

主題を追求する「暗い」漱石と愛される「国民作家」をつなぐ資質の問題とは？　平明で卓抜な漱石講義十二講。第2回小林秀雄賞受賞。（関川夏央）

ナショナリズム　浅羽通明

新近代国家日本は、いつ何のために、創られたのか。日本ナショナリズムの起源と諸相を十冊のテキストを手がかりとして網羅する。（斎藤哲也）

品切れの際はご容赦ください

沈黙博物館　小川洋子

「形見じゃ」老婆は言った。死の完結を阻止するために形見が盗まれる。死者が残した断片をめぐるやさしくスリリングな物語。（堀江敏幸）

星間商事株式会社社史編纂室　三浦しをん

二九歳「腐女子」川田幸代、社史編纂室所属。恋の行方も友情の行方も五里霧中。仲間と共に「同人誌」を武器に社の秘められた過去に挑む!?（金田淳子）

つむじ風食堂の夜　吉田篤弘

それは、笑いのこぼれる夜。――食堂は、十字路の角にぽつんとひとつ灯をともしていた。クラフト・エヴィング商會の物語作家による長篇小説。

通天閣　西加奈子

このしょーもない世の中に、救いようのない人生に、ちょっぴり暖かい灯を点す驚きと感動の物語。第24回織田作之助賞大賞受賞作。（津村記久子）

この話、続けてもいいですか。　西加奈子

ミッキーこと西加奈子の目を通すと世界はワクワク、ドキドキ輝く。いろんな人、出来事、体験がてんこ盛りの豪華エッセイ集!（中島たい子）

君は永遠にそいつらより若い　津村記久子

22歳処女。いや「女の童貞」と呼んでほしい――。日常の底に潜むうっすらとした悪意を独特の筆致で描く。第21回太宰治賞受賞作。（松浦理英子）

アレグリアとは仕事はできない　津村記久子

彼女はどうしようもない性悪だった。すぐ休み単純労働をバカにし男性社員に媚を売る。大型コピー機とミノベとの仁義なき戦い!（千野帽子）

まともな家の子供はいない　津村記久子

セキコには居場所がなかった。うちには父親がいる。うざい母親、テキトーな妹。まともな家なんてどこにもない!　中3女子、怒りの物語。（岩宮恵子）

こちらあみ子　今村夏子

あみ子の純粋な行動が周囲の人々を否応なく変えていく。第26回太宰治賞、第24回三島由紀夫賞受賞作。書き下ろし「チズさん」収録。（町田康／穂村弘）

さようなら、オレンジ　岩城けい

オーストラリアに流れ着いた難民サリマ。言葉も不自由な彼女が、新しい生活を切り拓いてゆく。第29回太宰治賞受賞・第150回芥川賞候補作。（小野正嗣）

冠・婚・葬・祭　中島京子
人生の節目に、起こったこと、出会ったひと、考えたこと。冠婚葬祭を切り口に、鮮やかな人生模様が描かれる。第143回直木賞作家の代表作。（瀧井朝世）

とりつくしま　東直子
死んだ人に「とりつくしま係」が言う。モノになってこの世に戻れますよ。妻は夫のカップに弟子は先生の扇子になった。連作短篇集。（大竹昭子）

虹色と幸運　柴崎友香
珠子、かおり、夏美。三〇代になった三人が、人に会い、おしゃべりし、いろいろ思う一年間。移りゆく季節の中で、日常の細部が輝く傑作。（江南亜美子）

星か獣になる季節　最果タヒ
推しの地下アイドルが殺人容疑で逮捕!? 僕は同級生のイケメン森下と真相を探るが――。歪んだピュアネスが傷だらけで疾走する新世代の青春小説！

ピスタチオ　梨木香歩
棚(たな)がアフリカを訪れたのは本当に偶然だったのか。不思議な出来事の連鎖から、水と生命の壮大な物語「ピスタチオ」が生まれる。（管啓次郎）

図書館の神様　瀬尾まいこ
赴任した高校で思いがけず文芸部顧問になってしまった清(きよ)。そこでの出会いが、その後の人生を変えてゆく。鮮やかな青春小説。（山本幸久）

マイマイ新子　髙樹のぶ子
昭和30年山口県国衙。きょうも新子は妹や友達と元気いっぱい。戦争の傷を負った大人、変わりゆく時代、その懐かしく切ない日々を描く。（片渕須直）

話虫干　小路幸也
夏目漱石「こころ」の内容が書き変えられた！ それは話虫の仕業。新人図書館員が話の世界に入り込み、「こころ」をもとの世界に戻そうとするが……。

包帯クラブ　天童荒太
傷ついた少年少女達は、戦わないかたちで自分達の大切なものを守ることにした。生きがたいと感じるすべての人に贈る長篇小説。大幅加筆して文庫化。

うれしい悲鳴をあげてくれ　いしわたり淳治
作詞家、音楽プロデューサーとして活躍する著者の小説&エッセイ集。彼が「言葉」を紡ぐと誰もが楽しめる「物語」が生まれる。（鈴木おさむ）

ちくま文庫

生《い》きもののおきて

二〇一〇年六月十日　第一刷発行
二〇二一年六月五日　第四刷発行

著者　岩合光昭（いわごう・みつあき）
発行者　喜入冬子
発行所　株式会社　筑摩書房
東京都台東区蔵前二―五―三　〒一一一―八七五五
電話番号　〇三―五六八七―二六〇一（代表）
装幀者　安野光雅
印刷所　三松堂印刷株式会社
製本所　三松堂印刷株式会社

ISBN978-4-480-42718-2 C0145